Angewandte Psychologie Kompakt

Peter Michael Bak, Köln, Deutschland
Reihenherausgeber

Georg Felser, Wernigerode, Deutschland
Reihenherausgeber

Christian Fichter, Zürich, Schweiz
Reihenherausgeber

Die Lehrbuchreihe „Angewandte Psychologie Kompakt" ist in einzigartiger Weise anwendungsorientiert. Sie ist vor allem konzipiert für Studierende und Lehrende der Psychologie und angrenzender Disziplinen, die Grundlegendes in kompakter, übersichtlicher und praxisnaher Form verstehen wollen.

Jeder Band bietet eine ideale Vorbereitung für Vorlesungen, Seminare und Prüfungen:

1. Die Bücher bieten einen ebenso fundierten wie angenehm lesbaren Überblick über die wichtigsten psychologischen Theorien und Konzepte.
2. Durch sorgfältige Didaktik, Klausurfragen, digitale Zusatzmaterialien und Zusammenfassungen wird die Prüfungsvorbereitung wesentlich erleichtert.
3. Einzigartig sind die zahlreichen Anwendungsbeispiele, die das Verständnis für grundlegende psychologische Zusammenhänge und deren Erscheinungsformen in der Praxis fördern und leichter im Gedächtnis verankern.

Besseres Verständnis in der Lehre und für die Anwendung:
Die Lehrbuchreihe bietet eine perfekte Einführung für das Studium mit starkem Anwendungsbezug. Durch die lebendige und praxisnahe Vermittlung des Lernstoffs wird nicht nur Fachwissen erworben, sondern auch die Lust geweckt, das Gelernte in verschiedenen Kontexten anzuwenden.

Herausgegeben von
Prof. Dr. Peter Michael Bak
Hochschule Fresenius
Prof. Dr. Georg Felser
Hochschule-Harz
Prof. Dr. Christian Fichter
Kalaidos Fachhochschule

Weitere Bände in der Reihe: http://www.springer.com/series/16408

Peter Michael Bak

Wahrnehmung, Gedächtnis, Sprache, Denken

Allgemeine Psychologie I – das Wichtigste,
prägnant und anwendungsorientiert

 Springer

Peter Michael Bak
Psychology School
Hochschule Fresenius
Köln, Deutschland

Zusätzliches Material zu diesem Buch finden Sie auf. http://www.lehrbuch-psychologie. springer.com.

ISSN 2662-4451   ISSN 2662-446X (electronic)
Angewandte Psychologie Kompakt
ISBN 978-3-662-61774-8   ISBN 978-3-662-61775-5   (eBook)
https://doi.org/10.1007/978-3-662-61775-5

Die Deutsche Nationalbibliothek verzeichnet diese Publikation in der Deutschen Nationalbibliografie; detaillierte bibliografische Daten sind im Internet über http://dnb.d-nb.de abrufbar.

Ihr Bonus als Käufer dieses Buches

Als Käufer dieses Buches können Sie kostenlos unsere Flashcard-App „SN Flashcards"
mit Fragen zur Wissensüberprüfung und zum Lernen von Buchinhalten nutzen.
Für die Nutzung folgen Sie bitte den folgenden Anweisungen:

1. Gehen Sie auf **https://flashcards.springernature.com/login**
2. Erstellen Sie ein Benutzerkonto, indem Sie Ihre Mailadresse angeben,
   ein Passwort vergeben und den Coupon-Code einfügen.

Ihr persönlicher „SN Flashcards"-App Code   13C67-54B79-F7C8D-B16E1-6046A

Sollte der Code fehlen oder nicht funktionieren, senden Sie uns bitte eine E-Mail mit
dem Betreff **„SN Flashcards"** und dem Buchtitel an **customerservice@springernature.com**.

Vorwort

Die Allgemeine Psychologie I ist für die meisten Studierenden der erste Kontakt mit dem Fach Psychologie an der Hochschule. Das macht auch Sinn, beschäftigen wir uns doch hier mit für alle weiteren Fachdisziplinen und Anwendungszusammenhänge ganz grundlegenden Theorien und Konzepten aus den Bereichen Wahrnehmung, Aufmerksamkeit, Gedächtnis, Sprache und Denken. Die fundamentale Frage, die sich hinter diesen Teilbereichen der akademischen Psychologie verbirgt, könnte man kurz und knapp formulieren: Wie kommt die Welt in meinen Kopf und wie gehe ich da mit ihr um? Keine leichte Aufgabe, der wir uns da stellen. Bei deren Beantwortung müssen wir hin und wieder passen. Noch längst sind viele Probleme nicht befriedigend gelöst und es tauchen neue Fragen und Einsichten auf. So ist eben Wissenschaft, könnte man lapidar sagen. Und in der Tat ergeben sich gerade in den uns hier interessierenden Bereichen der kognitiven Psychologie ständig neue Theorien und Modelle. Jeder Versuch, diesem Spektrum an Themen und Entwicklungen vollständig gerecht zu werden, muss zwangsweise scheitern. Auch das vorliegende Buch hat daher nicht den Anspruch auf Vollständigkeit. Vielmehr geht es darum, einen Überblick über zentrale Konzepte der Allgemeinen Psychologie zu vermitteln und Lust und Interesse an den Grundlagenfächern zu wecken. Es lohnt sich doppelt. Zum einen erlangt man damit das Rüstzeug, um in allen weiteren psychologischen Grundlagen- und Anwendungsfächern entsprechend mit- und weiterzudenken. Zum anderen bietet gerade die Allgemeine Psychologie faszinierende Einsichten in unser psychisches Funktionieren und Erleben, die hin und wieder auch den Blick auf uns selbst und andere nachhaltig verändern können. Solche Einsichten und viel Freude daran wünsche ich auch den Lesern dieses Einführungswerkes und allen, die es in Lehre, Studium oder Arbeit einsetzen.

Jetzt aber Schluss mit langer Vorrede, wenden wir uns lieber der Allgemeinen Psychologie I zu. Viel Spaß und anregende Gedanken!

Peter Michael Bak
Saarbrücken
Oktober 2020

Website-Seite

Lernmaterialien zum Lehrbuch *Wahrnehmung, Gedächtnis, Sprache, Denken* **im Internet –**
► www.lehrbuch-psychologie.springer.com

- Das Lerncenter: Zum Lernen, Üben, Vertiefen und Selbsttesten
- Kapitelzusammenfassungen: Das steckt drin im Lehrbuch
- Leseprobe
- Foliensätze und Abbildungen für Dozentinnen und Dozenten zum Download

Weitere Websites unter ► www.lehrbuch-psychologie.springer.com

- Karteikarten: Prüfen Sie Ihr Wissen
- Glossar mit zahlreichen Fachbegriffen
- Verständnisfragen und Antworten
- Zusammenfassungen aller Buchkapitel
- Foliensätze sowie Tabellen und Abbildungen für Dozentinnen und Dozenten zum Download

- Verständnisfragen und Antworten
- Glossar mit vielen Fachbegriffen
- Karteikarten: Überprüfen Sie Ihr Wissen
- Kapitelzusammenfassungen
- Foliensätze sowie Tabellen und Abbildungen für Dozentinnen und Dozenten zum Download

- Kapitelzusammenfassungen
- Karteikarten: Überprüfen Sie Ihr Wissen
- Glossar mit vielen Fachbegriffen
- Verständnisfragen und Antworten
- Foliensätze sowie Tabellen und Abbildungen für Dozentinnen und Dozenten zum Download

- Glossar mit zahlreichen Fachbegriffen
- Karteikarten: Prüfen Sie Ihr Wissen
- Verständnisfragen und Antworten
- Kapitelzusammenfassungen
- Tabellen und Abbildungen für Dozentinnen und Dozenten zum Download

Inhaltsverzeichnis

I   Wahrnehmung und Aufmerksamkeit

Einleitung

Inhaltsverzeichnis

© Springer-Verlag GmbH Deutschland, ein Teil von Springer Nature 2020
P. M. Bak, *Wahrnehmung, Gedächtnis, Sprache, Denken*, Angewandte Psychologie Kompakt,
https://doi.org/10.1007/978-3-662-61775-5_1

1

🎯 Lernziele

- Erklären können, was die Psychologie als Wissenschaft ausmacht
- Die Grundzüge eines psychologischen Experimentes kennen
- Die gedanklichen Grundlagen der Allgemeinen Psychologie (Universalismus, Funktionalismus) an einem Beispiel erklären können
- Die Grundlagenfächer der Psychologie kennen
- Verstehen, was eine Theorie und was eine Hypothese ist
- Das Falsifikationsprinzip erklären können
- Erklären können, was unter Theoriewettbewerb zu verstehen ist

Einführung

Es ist eigentlich verwunderlich, aber die Psychologie als Wissenschaft ist tatsächlich gar nicht so alt. Zumindest die Psychologie, so wie wir sie heute verstehen. Natürlich haben sich die Menschen schon immer mit sich selbst beschäftigt, sich über die Seele und das Zusammenspiel mit dem Körper Gedanken gemacht. Aber das war zuvorderst eine Angelegenheit von Philosophie oder Medizin. Die systematische Auseinandersetzung mit psychischen Prozessen und die Entwicklung von psychologischen Theorien begann erst Mitte des 19. Jahrhunderts. Ganz im Sinne der Zeit stand damals die streng experimentelle Vorgehensweise im Mittelpunkt, mit der man das Seelenleben des Menschen systematisch und exakt beschreiben wollte. Menschliches Verhalten und Erleben wurde ab sofort akribisch beobachtet und gemessen. Die Psychologie als empirische Wissenschaft war geboren.

1.1 Psychologie als Wissenschaft

Wilhelm Wundt

Die Anfänge der wissenschaftlichen Psychologie sind v. a. mit dem Namen Wilhelm Wundt (1832–1920) verbunden. Ursprünglich hatte er Medizin, Naturwissenschaft und Philosophie studiert und lernte durch seine Assistenzzeit bei dem Physiker und Physiologen Hermann von Helmholtz die experimentelle Vorgehensweise kennen, die er fortan zur Erkundung psychologischer Phänomene bevorzugte. So kritisiert er ganz zu Beginn seines 1862 veröffentlichten Buches *Beiträge zur Theorie der Sinneswahrnehmung*, dass die Psychologie bisher aufgrund ihrer „mangelhaften Methodik […] nicht über Hypothesen hinausgekommen" ist (Wundt 1862, S. IV). Sein Vorgehen basiert dagegen nicht auf „metaphysischen Spekulationen", sondern in der „experimentellen Methode des Physiologen" (Wundt 1862, S. V). Inhaltlich führte Wundt die physiologischen und menschenvergleichenden Untersuchungsansätze zusammen, womit er gemeinhin als Gründungsvater der modernen Psychologie gilt. Die nachfolgende Etablierung der Psychologie als Universitätsfach war dann die Grundlegung einer bis heute andauernden Erfolgsgeschichte, die zahlreiche berühmte Denker und Forscher hervorgebracht und die Beschäftigung mit psychologischen Fragen zu einem Alltagsphänomen gemacht hat. Zudem spielt psychologisches Know-how auch in der Arbeitswelt eine immer größere Rolle. Ob Beratung, Coaching, Werbung, Personalentwicklung, Management, Medien, Führung, Arbeitsplatzergonomie, Gesundheitsmanagement, Sport oder Künstliche Intelligenz, es gibt kaum einen Bereich, der nicht an irgendeiner Stelle mit der Psychologie in Berührung kommt. Kein Wunder, dass die Psychologie heute laut dem Statistikportal Statista zu den Top 10 der beliebtesten Studienfächer gehört. Aber womit befasst sich nun die wissenschaftliche Psychologie genau?

1.2 Logik der Forschung

In der Regel wird die Psychologie als die Wissenschaft vom Erleben und Verhalten verstanden. Erleben wiederum kann man als subjektiv zugängliches und bewusstseinsfähiges Geschehnis bezeichnen, das von außen nicht direkt beobachtbar ist. Mit Verhalten definieren wir dagegen jene Geschehnisse, die wir bei einer Person von außen beobachten können, die daher objektiv erfassbar sind und die sich gegenüber anderen Geschehnissen differenzieren lassen. Während also Erleben stets subjektiv bleibt, kann Verhalten objektiv beschrieben werden. Erkenntnisse aus der Verhaltensbeobachtung fließen dann wiederum in unsere Vorstellungen über das subjektive Erleben hinein.

Die Ziele der wissenschaftlichen Psychologie sind (1) die Beschreibung, (2) die Erklärung, (3) die Vorhersage und (4) die Modifikation menschlichen Erlebens und Verhaltens. Grundlage hierfür sind Theorien, also zusammenhängende Sammlungen von Aussagen über das, was der Fall ist, und Hypothesen, also empirisch prüfbare Sätze, die sich aus den Theorien ableiten lassen. Der Weg der Erkenntnis hat dabei eine ganz eigene *Logik der Forschung*, um das berühmte Buch von Karl Popper (1989) zu zitieren, in dem die bis heute gültigen methodischen Grundzüge der empirischen Wissenschaften erläutert werden. Eine zentrale Aussage des Buches ist, dass es nicht möglich ist, die Wahrheit empirischer Aussagen der Form „alle Menschen freuen sich über Geschenke" zu beweisen. Dazu müssten wir nämlich alle Menschen, die gerade leben, die bisher gelebt haben, und diejenigen, die zukünftig noch leben werden, dazu befragen. Das ist natürlich unmöglich. Und daher ist auch ein letztgültiger Beweis nicht durchzuführen. Stattdessen können wir einen anderen Weg

1

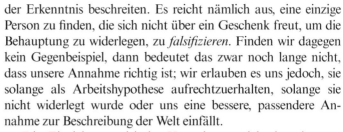

Logik der Forschung

der Erkenntnis beschreiten. Es reicht nämlich aus, eine einzige Person zu finden, die sich nicht über ein Geschenk freut, um die Behauptung zu widerlegen, zu *falsifizieren*. Finden wir dagegen kein Gegenbeispiel, dann bedeutet das zwar noch lange nicht, dass unsere Annahme richtig ist; wir erlauben es uns jedoch, sie solange als Arbeitshypothese aufrechtzuerhalten, solange sie nicht widerlegt wurde oder uns eine bessere, passendere Annahme zur Beschreibung der Welt einfällt.

Die Einsicht, empirische Hypothesen nicht beweisen zu können, hat weitreichende Konsequenzen für die Forschung. Ganz konkret dienen uns unsere empirischen Studien nämlich nicht dazu, zu zeigen, was der Fall ist, sondern im Gegenteil: Wir suchen nach Erkenntnissen darüber, was vermutlich eher nicht der Fall ist, und erhoffen uns so nach dem Ausschlussprinzip, der Wahrheit ein Stückchen näher zu kommen. Die Idee, Weltwissen durch das Aussortieren falscher Annahmen zu erlangen, wird auch *Falsifikationsprinzip* bezeichnet. Voraussetzung dafür ist, dass wir Annahmen (empirische Hypothesen) formulieren, die dann tatsächlich auch an der Erfahrung (Empirie) scheitern können, denn andernfalls ist eine empirische Prüfung sinnlos (vgl. dazu weiterführend auch Bak 2016).

> **Blick in die Praxis: Was ist Liebe? Unsere Theorien legen fest, was wir erkennen können**
>
> Der Weg unserer Erkenntnis geht stets über die Entwicklung einer Theorie. Wir können eine Theorie auch als eine Sammlung von Konzepten und Begriffen ansehen, die wir zur Beschreibung von Sachverhalten benutzen. Je nachdem, wie wir einen Sachverhalt beschreiben, werden wir dann ganz unterschiedliche Dinge erkennen können. Machen wir das mal am schönen Phänomen der Liebe fest. Was ist die Liebe? Die Antwort darauf hängt ganz von der Theorie ab, die wir zur Erklärung heranziehen. Ein Biologe wird uns vielleicht antworten, dass die Liebe nichts anderes ist als ein Hormoncocktail, der nur deswegen ausgeschüttet wird, damit wir uns fortpflanzen. Ein Ökonom wird womöglich antworten: Liebe ist die Bezeichnung für eine Win-win-Situation, eine balancierte Austauschbeziehung. Ein Soziologe könnte sagen, dass Liebe das soziale Bindemittel für (familiäre) Systeme darstellt. Die Popgruppe Juli singt dagegen, dass „Liebe ein Wasserfall ist". Und die Psychologen? Die verweisen auf Sternbergs (1986) Triangulärtheorie und meinen, Liebe sei irgendwas, was mit Intimität, Leidenschaft und Bindung zu tun habe. Aber was ist nun die Liebe? Sie ist all das und nichts davon. Wir haben eben ganz unterschiedliche Theorien, Annahmen und Vorstellungen von diesem Phänomen. Je nachdem, welche Theorie wir verwenden, erkennen wir etwas ande-

res davon, nie aber können wir das Phänomen der Liebe in seiner Gänze festhalten. Jede dieser Perspektiven hat ihre Berechtigung, keine ist von vornherein falsch oder richtig. Theorien sind Werkzeuge, die wir gebrauchen, um bestimmte Sachverhalte in einer bestimmten Art und Weise zu beschreiben und zu erklären. In manchen Situationen ist die eine Beschreibung passender und zielführender, in einer anderen Situation eben eine andere. Die Welt zu erkennen, wie sie wirklich ist, ist aus dieser Perspektive nicht nur ein hoffnungsloses Unterfangen, sondern auch zutiefst unwissenschaftlich, würde das doch eine allumfassende Theorie voraussetzen, die uns die Dinge tatsächlich so erkennen lässt, wie sie sind. Und das womöglich noch unabhängig von uns Menschen selbst. Das jedoch ist praktisch wie theoretisch nicht möglich. Übrigens, auch in unserem Alltag „sehen" wir nur das, was wir aufgrund unserer (naiven) Annahmen über die Welt grundsätzlich sehen können (oder wollen). Darüber nachzudenken kann einem hier und da zu verblüffenden Einsichten verhelfen und uns bei der ein oder anderen „Wahrheit" doch vorsichtiger werden lassen (◘ Abb. 1.1).

◘ **Abb. 1.1**   Was ist Liebe? Dazu gibt es ganz unterschiedliche Ansichten. (© Claudia Styrsky)

1

1.3 Das psychologische Experiment

Es gibt viele Möglichkeiten, empirische Erkenntnisse zu gewinnen. Eine Methode sticht aber heraus: das Experiment. Das Experiment ist die Methode der Wahl, wenn es um Kausalerklärungen geht. Kausalerklärungen wiederum nennen uns die Ursachen von Ereignissen. Sie besitzen allgemein folgende (Gesetzes-)Form: Wenn A, dann B. Liegt A vor, dann muss auch B vorliegen. Wenn wir solch eine Erklärung haben, dann erübrigen sich weitere Spekulationen, warum etwas der Fall sein mag. Wir haben den Sachverhalt also geklärt. Genau das ist es ja, was wir von der Wissenschaft verlangen (vgl. weiterführend dazu z. B. Bak 2016). Wie kann man nun zu solch einer Erklärung kommen? In psychologischen Zusammenhängen interessieren wir uns häufig für Unterschiede oder Gemeinsamkeiten von Personengruppen. Wir wollen beispielsweise wissen, ob eine bestimmte Interventionsmaßnahme erfolgreich war, ob die Aufmerksamkeit im höheren Alter geringer wird, ob Fernsehkonsum negative Auswirkungen hat, oder ob extravertierte Personen häufiger soziale Vergleiche durchführen als introvertierte. Die grundsätzliche Schwierigkeit, solche Fragen zu beantworten und mögliche Befunde auf die Gruppenunterschiede zurückzuführen, besteht darin, dass viele Faktoren auf das Studienergebnis Einfluss nehmen können. Idealerweise wären wir in der Lage, Unterschiede zwischen Personen unzweifelhaft durch eine oder mehrere bekannte Ursachen zu erklären. Mit Hilfe eines Experimentes kann dies gelingen.

Experimental- und Kontrollgruppe

Schauen wir uns den Grundaufbau eines solchen Experimentes einmal genauer an. Am besten ist es, wir planen direkt ein eigenes Experiment. Zu Übungszwecken machen wir es einfach. Wir wollen nämlich wissen, ob Schokolade positiven Einfluss auf die Laune hat. Die einfachste Möglichkeit, dies zu untersuchen, besteht darin, dafür zu sorgen, dass eine Personengruppe ein Stück Schokolade isst. Eine einzelne Person zu untersuchen, reicht vermutlich nicht aus, wir wollen lieber nicht von einem Einzelfall auf die Allgemeinheit schließen. Besser also, wir prüfen das gleich an vielen Personen. Diese Personengruppe nennen wir die Experimentalgruppe. Eine andere Personengruppe, die Vergleichsgruppe (auch Kontrollgruppe genannt), bekommt dagegen nichts zu essen. Anschließend fragen wir nach der Laune der Versuchspersonen. Dabei ist zu beachten, dass sich die Personen in der Experimental- und Kontrollgruppe in allen Belangen (Geschlecht, Alter, Kultur, Bildung, Intelligenz etc.) ähnlich sind. Das gilt auch für die Laune zu Beginn des Experimentes. Auch alle anderen Bedingungen (Zeit, Raum, Wetter etc.) wurden in beiden Gruppen konstant gehalten. Finden wir nun Unterschiede in der Laune zwischen der Experimental- und Vergleichsgruppe, dann muss dafür wohl die Schokolade verantwortlich sein, eine andere Erklärung kann ausgeschlossen werden, da die Gruppen ansonsten ja mehr oder weniger gleich waren, es also nur einen einzigen Unterschied gab, nämlich die Schokolade.

Schokolade essen bzw. nicht essen bezeichnen wir übrigens als die unabhängige Variable (UV) in unserem Experiment, die Laune als abhängige Variable (AV). Formal ausgedrückt heißt das: Wir untersuchen, inwieweit die UV die AV beeinflusst. Alle anderen Einflussfaktoren, die auch auf das Ergebnis Einfluss nehmen können, werden als Störvariablen bezeichnet. Manche dieser Störvariablen sind uns bekannt, z. B. könnte das Geschlecht ebenfalls für die Unterschiede verantwortlich sein. Womöglich sind Frauen ja besser gelaunt als Männer oder umgekehrt. Deswegen haben wir in unserem Experiment darauf geachtet, dass sowohl in der Experimental- wie auch der Vergleichsgruppe gleich viele Männer und Frauen sind, wir kontrollieren die Störvariable also, weswegen wir ihr in diesem Fall den Namen Kontrollvariable geben.

Jetzt bleibt im Prinzip nur noch eine Schwierigkeit, nämlich dafür zu sorgen, dass sich die beiden Personengruppen tatsächlich auch ähneln. Idealerweise bestünden beide Gruppen aus identischen Personen, damit eine bessere oder schlechtere Laune (AV) nur auf die Verabreichung der Schokolade (UV) zurückgeführt werden können. Faktisch sind alle Personen aber unterschiedlich, manche haben vielleicht Hunger, andere nicht, einige sind müde, andere mögen keine Schokolade etc. Wie können wir mit diesen Unterschiedlichkeiten umgehen? Dazu bedient man sich eines Tricks und einer Annahme. Der Trick besteht darin, die Versuchsteilnehmer per Zufall entweder zur Experimental- oder zur Kontrollgruppe zuzuordnen (man nennt diesen Vorgang Randomisierung). Die Annahme dahinter ist, dass sich auf diese Art und Weise Personenunterschiede nicht systematisch auf die Ergebnisse auswirken können, da sich – Pi mal Daumen – die verschiedenen Merkmale der vielen Personen mit großer Wahrscheinlichkeit in den beiden Gruppen gleich verteilen werden, wir also in jeder Gruppe gleich viele Personen haben, die müde, hungrig etc. sind. Wenn ich nur genügend häufig den Zufall entscheiden lasse, dann werden sich am Ende ungefähr gleich viele Personen mit Merkmal X, Y, Z in der Experimentalgruppe sowie

Abhängige Variable, unabhängige Variable

1

Tipps für die
Vorgehensweise
bei der
Abschlussarbeit

der Vergleichsgruppe befinden. Auf diese Weise gelingt es uns, mit einiger Sicherheit die Ergebnisse auf die Variation der unabhängigen Variable (Schokolade essen oder nicht) zurückzuführen.

Die Überlegenheit des Experimentes zur Aufdeckung von Kausalbeziehungen macht es zur bevorzugten Untersuchungsmethode in den empirischen Wissenschaften, also auch der Psychologie. Wir werden in diesem Buch noch zahlreiche Experimente kennenlernen, die unsere Vorstellungen von der allgemeinen Funktionsweise psychischer Prozesse maßgebend beeinflusst haben. Allerdings kann man nicht alle Fragen experimentell beantworten. Hin und wieder können wir beispielsweise die unabhängige Variable nicht willkürlich variieren (etwa, wenn wir nach Geschlechtsunterschieden fragen), oder ethische Gesichtspunkte verbieten uns das (wenn die Variation der UV mit negativen Folgen für die betroffenen Personen verbunden wären, z. B. Stressinduktion). In diesen Fällen müssen wir auf andere Verfahren und Untersuchungsdesigns zurückgreifen, die denn auch oft zu weniger zwingenden Erkenntnissen führen. Diese können aber trotzdem wertvoll sein. So bieten uns zum Beispiel qualitative Verfahren (Interviews, Textanalysen) Möglichkeiten, mögliche Forschungsfragen überhaupt erst zu erkennen, oder komplexe Zusammenhänge zu erkunden, die uns im engen Korsett eines Experimentes so vielleicht verborgen geblieben wären. Aber ob wir uns für ein Experiment oder für ein anderes Verfahren entscheiden – stets gilt: Die Wahl der Forschungsmethode richtet sich nach der Forschungsfrage, nicht umgekehrt.

1.4 Theoretische Vielfalt

Die wissenschaftliche Psychologie bemüht sich, Erkenntnisse nicht einfach nur durch Nachdenken zu gewinnen, sondern stets nach der empirischen Bestätigung bzw. Widerlegung zu suchen. Allerdings ist die Psychologie weit davon entfernt, eine einheitliche Disziplin zu sein. Vielmehr zeichnet sich das Fach gerade durch eine Mannigfaltigkeit und Heterogenität an Perspektiven, Theorien und „Schulen" aus, die hin und wieder verwirrend erscheinen mögen. Zu vielen Phänomenen lassen sich mehrere Theorien nennen, ohne dass wir entscheiden könnten, welche Perspektive nun die passende, geschweige denn die „richtige" ist: Es herrscht Theorienwettbewerb. In gewisser Weise muss sich die Psychologie daher auch vorwerfen lassen, dass es ihr als Disziplin bisher noch nicht gelungen ist, ein einzelnes, kohärentes Bild vom menschlichen Erleben und Verhalten entwickelt zu haben. Diese Sachlage kann aber auch als Stärke angesehen werden, können wir uns doch gerade in der Anwendungspraxis aus einer Fülle von Ansätzen und Theorien bedienen, je nach Bedarf und Kontext, selbst dann, wenn wir an der Allgemeingültigkeit der ein oder anderen Theorie zweifeln mögen.

So wenig es möglich ist, für bestimmte Behauptungen endgültige Beweise zu finden, so wenig Sinn macht es, Annahmen als in jedem Fall unbrauchbar abzustempeln. In manchen Praxisfällen mag es hin und wieder sogar nützlich sein, auch nicht-bewährte Theorien zur Veranschaulichung zu nutzen, z. B. wenn man davon ausgehen kann, dass das Gegenüber genau an diesen Theorien festhält. Zudem mögen zwar manche theoretischen Konzepte oder Ideen, wie z. B. die Freud'sche Konzeption der Persönlichkeit, anderen Vorstellungen gewichen sein, das heißt aber nicht, dass sie dadurch völlig nutzlos geworden wären. Nach wie vor können sie als Ideenfundus angesehen werden, der auch für aktuelle und moderne Theorien durchaus anregend und herausfordernd sein kann. Fest steht, dass die moderne Psychologie auf viele Fragen auch über 150 Jahre nach Wilhelm Wundt häufig noch keine abschließenden Antworten gefunden hat und uns daher eher zu einer differenzierten Betrachtungsweise auffordert und Interpretationsangebote unterbreitet. Mehr noch, es ist gerade die Vielfalt an Theorien und die grundsätzlich vorhandene Interdisziplinarität, die die moderne Psychologie auszeichnet.

Theorienwettbewerb

1.5 Das Teilgebiet Allgemeine Psychologie

Wer heute Psychologie studiert, wird in der Regel mit folgenden Grundlagenfächern konfrontiert: Allgemeine Psychologie, Sozialpsychologie, Differentielle- und Persönlichkeitspsychologie (zwei zusammengehörende Teilfächer), Entwicklungspsychologie, Biopsychologie und Methodenlehre. Die Allgemeine Psychologie lässt sich nochmals nach Allgemeiner Psychologie I, nämlich Wahrnehmung, Aufmerksamkeit, Gedächtnis, Denken und Sprache, sowie Allgemeiner Psychologie II, also Lernen, Motivation und Emotion, differenzieren. Die Allgemeine Psychologie befasst sich mit psychischen Funktionen, von denen wir ausgehen, dass sie – wie es der Name sagt – allgemein gelten, d. h. dass alle Menschen sie in gleicher Weise besitzen (Universalismus). So wird beispielsweise untersucht, wie der Selektionsprozess der Aufmerksamkeit funktioniert oder wie Ekel entsteht. Betrachtet werden dabei weniger die Inhalte, also beispielsweise wovor wir uns ekeln. Es geht eher darum, herauszufinden, welche Prozesse hier am Werk sind (Funktionalismus). Wir möchten z. B. nicht herausfinden, was

1

überall auf der Welt Ekel erregen kann, sondern eher, wie es überhaupt zum Ekelgefühl kommt.

Die Differentielle- und Persönlichkeitspsychologie geht dagegen der Frage nach, welche Unterschiede zwischen den Menschen bestehen und worauf diese zurückzuführen sind. Warum fühlen sich manche Personen in Anwesenheit anderer geradezu energiegeladen, während es anderen schnell zu viel wird? Warum stehen manche auf Bungee-Springen, während anderen der Sprung vom Ein-Meter-Brett schon Nervenkitzel genug ist? Die Sozialpsychologie wiederum betrachtet menschliches Erleben und Verhalten in sozialen Kontexten. Wie kommt es, dass wir uns in Anwesenheit anderer anders verhalten und erleben, als wenn wir für uns allein sind? Wie entsteht Konformität?

Die Biopsychologie untersucht dagegen den Zusammenhang zwischen körperlichen Prozessen, genauer also neuronalen, hormonellen oder biochemischen Prozessen und deren Zusammenhang mit unserer Psyche. Welche körperlichen Prozesse laufen ab, wenn wir Stress empfinden? Die Entwicklungspsychologie nimmt gewissermaßen eine übergeordnete Perspektive ein und untersucht, wie sich allgemeine, differentielle oder soziale Prozesse über den gesamten Lebenslauf entwickeln und verändern. Und die Methodenlehre beschäftigt sich mit denjenigen Methoden und Verfahren, mit denen wir zu psychologischen Erkenntnissen gelangen wollen.

Universalismus,
Funktionalismus

Neben diesen klassischen Grundlagenfächern lassen sich noch zahlreiche angewandte Fächer mit dem Namenszusatz -Psychologie nennen, etwa die Klinische Psychologie, die Wirtschaftspsychologie, die Medienpsychologie, die Gesundheitspsychologie, die Sportpsychologie oder die Umweltpsychologie, in denen es jeweils um die praktische Anwendung psychologischen Wissens in Teilgebieten unseres Tätigkeitsspektrums geht.

1.6 Zum Aufbau des Buches

Im Mittelpunkt dieses Buches steht die Allgemeine Psychologie I, also Wahrnehmung, Aufmerksamkeit, Gedächtnis, Denken und Sprache. Die Forschung hat uns dazu in den vergangenen 150 Jahren zahlreiche Erkenntnisse und Theorien beschert – und ein Ende ist nicht abzusehen. Die Menge an Theorien und Befunden ist kaum zu überblicken. Wir werden uns daher im Folgenden auf die Schilderung der wichtigsten Konzepte und Theorien beschränken, in der Hoffnung, dass dies genug Anregung sein wird, um sich an anderer Stelle vertiefend mit dem einen oder anderen Thema zu beschäftigen. Ergänzend sollen die zahlreichen Anwendungsbeispiele dazu dienen, die Relevanz der Thematik für Alltag und Beruf zu demonstrieren. Eine stichwortartige Zusammenfassung, eine Auflistung der wichtigsten Begriffe sowie eine Sammlung von Klausurfragen und Literaturhinweise runden jedes Kapitel ab.

? Prüfungsfragen

1. Was ist der Untersuchungsgegenstand der Psychologie?
2. Welche Ziele verfolgt die wissenschaftliche Psychologie?
3. Was sind Theorien und Hypothesen?
4. Was versteht man unter dem Prinzip der Falsifizierbarkeit?
5. Erläutern Sie an einem Beispiel die grundlegende Struktur eines Experimentes. Gehen Sie dabei auf die Begriffe abhängige Variable, unabhängige Variable, Kontrollvariable, Störvariable und Randomisierung ein.
6. Warum eignet sich ein Experiment, um Kausalbeziehungen aufzudecken? Erläutern Sie das näher.
7. Was ist der Gegenstand der Allgemeinen Psychologie?
8. Was versteht man im vorliegenden Zusammenhang unter Universalismus bzw. Funktionalismus?

Zusammenfassung

- Psychologie ist die Wissenschaft vom Erleben und Verhalten.
- Erleben ist ein subjektiv zugängliches und bewusstseinsmäßiges Geschehnis.
- Die wissenschaftliche Psychologie hat das Ziel, menschliches Erleben und Verhalten zu beschreiben, zu erklären, vorherzusagen und ggf. zu modifizieren.
- Verhalten ist von außen beobachtbares Tun einer Person.
- Theorien sind Sammlungen von Aussagen über das, was der Fall ist.
- Hypothesen sind empirisch prüfbare Sätze.
- Falsifizierbarkeit meint, dass es grundsätzlich möglich sein muss, dass sich eine Annahme empirisch als falsch erweisen kann.
- Das Experiment ist die geeignete Methode, um Kausalbeziehungen aufzudecken.
- Als unabhängige Variable wird die Variable bezeichnet, deren Einfluss wir untersuchen möchten.
- Als abhängige Variable wird die Variable bezeichnet, deren Veränderungen in Abhängigkeit von der unabhängigen Variablen untersucht werden.
- Störvariablen sind Einflüsse auf die abhängige Variable, die unbekannt sind.
- Kontrollvariablen sind Störvariablen, die bekannt sind und erfasst werden.

1

- Als Randomisierung bezeichnet man die zufällige Zuweisung von Versuchspersonen zu den Stufen der unabhängigen Variablen.
- Die Psychologie ist eine vielfältige Disziplin, sie lebt von der Heterogenität ihrer Perspektiven.
- Die Allgemeine Psychologie untersucht psychische Funktionen, die alle Menschen in gleicher Weise besitzen (Universalismus), wobei es nicht um die Inhalte, sondern um das Wie dieser Prozesse geht (Funktionalismus).

Schlüsselbegriffe

Abhängige Variable, Erleben, Experiment, Falsifizierbarkeit, Funktionalismus, Hypothese, Kausalerklärung, Kontrollvariable, Randomisierung, Störvariable, Theorie, unabhängige Variable, Universalismus, Verhalten.

Literatur

Bak, P. M. (2016). *Wie man Psychologie als empirische Wissenschaft betreibt. Wissenschaftstheoretische Grundlagen im Überblick*. Heidelberg: Springer.

Popper, K. (1989). *Logik der Forschung* (9. Aufl.). Tübingen: Mohr.

Sternberg, R. J. (1986). A triangular theory of love. *Psychological Review, 93*(2), 119–135.

Wundt, W. (1862). *Beiträge zur Theorie der Sinneswahrnehmung*. Leipzig: Winter'sche Verlagshandlung.

Wahrnehmung und Aufmerksamkeit

Inhaltsverzeichnis

Grundlagen der Wahrnehmung

Inhaltsverzeichnis

© Springer-Verlag GmbH Deutschland, ein Teil von Springer Nature 2020
P. M. Bak, *Wahrnehmung, Gedächtnis, Sprache, Denken*, Angewandte Psychologie Kompakt,
https://doi.org/10.1007/978-3-662-61775-5_2

Lernziele

- Erklären können, wie Wahrnehmung grundsätzlich abläuft und welche Prozesse man hier unterscheiden kann
- Erklären können, was Wahrnehmungstäuschungen und Wahrnehmungsambiguitäten sind und an welcher Stelle des Wahrnehmungsprozesses sie entstehen
- Erklären können, wie Wahrnehmen, Erkennen und Wissen zusammenhängen
- Die Bedeutung der Sprache für das Erkennen erklären können
- Wissen, was die Psychophysik untersucht
- Erklären können, was die Absolutschwelle und die Unterschiedsschwelle bedeuten
- Erklären können, welchen Zusammenhang das Stevensche Gesetz beschreibt

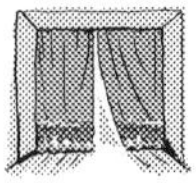

Einführung

Es ist kaum möglich, die Bedeutung des Wahrnehmungsvorganges für alle anderen psychologischen Themenbereiche zu überschätzen. Man ist fast dazu verleitet, dies durch eine Abwandlung eines berühmten Bibelzitats zu verdeutlichen: „Am Anfang war die Wahrnehmung. Alle Dinge sind durch sie gemacht und ohne sie ist nichts gemacht!" (frei nach Joh. 1, 1–3). Damit ist gemeint, dass alles, was wir von der inneren wie äußeren Welt erkennen, ein Ergebnis von Wahrnehmungsvorgängen ist, oder um es noch dramatischer zu formulieren: Wir können die Welt niemals wahrnehmen, wie sie ist, sondern immer nur erfahren wir von der Welt Dinge, die uns über unsere Sinne vermittelt werden und die für uns als Spezies Sinn machen. Kein Wunder, dass die Wahrnehmung nicht nur Gegenstand der psychologischen Forschung ist, sondern auch in der Philosophie bis in die Neuzeit hinein ein bedeutsames Thema darstellt.

Wahrnehmung ist ein funktionsgebundener Vorgang, der mir von der Welt das vermittelt, was ich für mein Funktionieren benötige. Mit der Welt, „wie sie wirklich ist", kommen wir nie in Kontakt. Dieses Schicksal teilen wir allerdings mit allen anderen Lebewesen. Niemand und nichts sind in der Lage, die Welt als solche zu erkennen. Was aber nehmen wir dann war? Und welche Vorstellungen haben die Psychologen von dem gesamten Wahrnehmungsvorgang? Und wie ist das Verhältnis von den Dingen an sich und unserer Wahrnehmung? Allesamt Fragen, die im Mittelpunkt der Wahrnehmungspsychologie stehen. Schauen wir uns zunächst den Wahrnehmungsvorgang aus einer übergeordneten Perspektive an, bevor wir uns den Besonderheiten der einzelnen Sinnesempfindungen und deren komplexem Interagieren zuwenden (■ Abb. 2.1).

◘ Abb. 2.1 Wir erfahren die Welt stets vermittelt über unsere Sinnesorgane

2.1 Der Wahrnehmungsvorgang

Die erste Frage, mit der wir uns beschäftigen müssen, ist wie die „Welt" in unseren Kopf kommt. Was passiert eigentlich, wenn wir die Dinge um uns herum wahrnehmen? Um diesen Prozess zu verstehen, müssen wir uns zunächst darüber im Klaren sein, dass unser Zugang in die Welt da draußen über unsere Sinnesorgane führt. Unsere Augen liefern uns visuelle Eindrücke, unsere Ohren beliefern uns entsprechend mit auditiven, unsere Nase und unsere Zunge mit chemischen und unsere Haut z. B. mit thermischen Informationen. Mit anderen Worten, unsere Sinne sind für Veränderungen in ganz verschiedenen Dimensionen (Wärme, Licht, Schall etc.) sensibel und reagieren darauf mit einer Empfindung (engl. „sensation"). Diese Reizempfindung stellt zunächst nichts anderes dar als eine durch externe Reize ausgelöste Reaktion. Diese sinnesspezifischen „Rohdaten" werden in unserem Gehirn weiterverarbeitet, organisiert und mit Bedeutung versehen. Wir entwickeln eine „Vorstellung" (Helmholtz 1867) von den äußeren Objekten. Es ist dieser gesamte Verarbeitungsprozess,

2

Top-Down vs. Bottom-Up

den wir mit Wahrnehmung bezeichnen. Aus psychologischer Sicht setzt sich der Wahrnehmungsvorgang also aus zumindest drei Prozessen zusammen: der Datenverarbeitung, der Erzeugung einer mentalen Repräsentation und der Interpretation (vgl. dazu ◘ Abb. 2.2).

Während der ersten Phase der Datenverarbeitung (auch als Bottom-up-Verarbeitung bezeichnet) werden demnach sinnesspezifische Muster erzeugt, die dann in irgendeiner Weise (z. B. bildlich, akustisch, semantisch) enkodiert werden, und zwar so, dass nachgeschaltete kognitive Prozesse sie sinnvoll interpretieren können. Bei diesem auch als Top-down-Verarbeitung bezeichneten Prozess sind dann unser Wissen, unsere Erfahrungen, unsere Wünsche und Erwartungen etc. für das Interpretationsergebnis entscheidend. Wie Bottom-up- und Top-down-Prozesse zusammenspielen und wie weit manchmal die

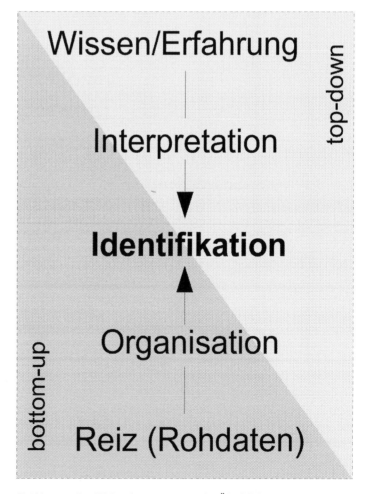

◘ **Abb. 2.2**   Der Wahrnehmungsvorgang im Überblick

Wahrnehmung von den Rohdaten abweicht, das lässt sich gut an Wahrnehmungsfehlern und Wahrnehmungsambiguitäten festmachen.

2.1.1 Wahrnehmungstäuschungen

Mit Wahrnehmungstäuschungen bezeichnet man den Umstand, dass wir etwas zu sehen glauben, was faktisch nicht da ist, oder dass wir es anders sehen, als es eigentlich ist. Unser Seheindruck und die tatsächliche Reizkonfiguration stimmen nicht überein. Bekannt ist etwa die Müller-Lyer-Täuschung (Müller-Lyer 1889; vgl. ◗ Abb. 2.3). Die beiden Linien sehen unterschiedlich lang aus, obwohl sie die gleiche Länge besitzen. Ein anderes Beispiel ist das Hermann-Gitter (Hermann 1870; vgl. ◗ Abb. 2.3). Obwohl wir wissen, dass an den Schnittpunkten der Linien keine schwarzen Punkte sind, sehen wir welche. Beeindruckend sind auch Kontrastphänomene wie die Checker-Illusion (Adelson 2000; vgl. ◗ Abb. 2.4). Obwohl die beiden Flächen A und B auf einem gleich hellen Hintergrund stehen, „korrigiert" unser visuelles System die Helligkeit durch eine „Plausibilitätsschätzung" (vgl. auch „Simultankontrast"; Herrmann 1870). Da die Fläche B im Schatten steht, muss ihr Helligkeitswert entsprechend angepasst werden (vgl. dazu ▶ Abschn. 3.3.2). Wir sitzen hier also einer Helligkeitsillusion auf.

All diese Fehler ereignen sich in einem frühen Stadium der Reizverarbeitung und sind nicht etwa auf Interpretationsfehler zu reduzieren. Dies kann man daran erkennen, dass uns unser Wissen nicht weiterhilft. Oder sehen Sie jetzt, dass die Flächen A und B gleich hell sind? Nein. Deswegen werden solche Täuschungen auch gerne als Indiz für eine theoriefreie (oder vorwissensfreie) Informationsverarbeitung angesehen (vgl. z. B. die Ausführungen zur Müller-Lyer-Täuschung bei Schumacher 2004). Es sei an dieser Stelle darauf hingewiesen,

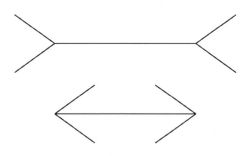
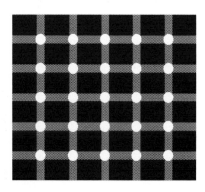

◗ **Abb. 2.3** Müller-Lyer-Täuschung (links), Hermann-Gitter (rechts)

2

Edward H. Adelson

◘ **Abb. 2.4**   Checker-Illusion (©1995, Edward H. Adelson, ► http://
persci.mit.edu/gallery/checkershadow; Adelson 2000)

dass die Rede von Wahrnehmungstäuschungen bzw. -fehlern
natürlich nur dann Sinn macht, wenn entschieden werden
kann, wie der Reiz in Wirklichkeit aussieht, man also zwischen
richtig und falsch unterscheiden kann. Wir können aber stets
nur fehlerbehaftet hinschauen, wie also soll dann das Erkennen des Richtigen möglich sein? Durch Sehen kann das nicht
gelingen, es sind höchstens unsere Einsichten, die uns die Entscheidung über richtig und falsch ermöglichen.

2.1.2 Wahrnehmungsambiguitäten

Anders als bei den Wahrnehmungstäuschungen sind Wahrnehmungsambiguitäten, wie sie z. B. bei Kippfiguren (vgl.
◘ Abb. 2.5) vorkommen, das Ergebnis unterschiedlicher Interpretationen der Reizvorlage. Sie finden also zu einem späteren Zeitpunkt der Informationsverarbeitung statt, wenn unser
Vorwissen (Top-down-Prozesse) zur Empfindung hinzu-
kommt. Wahrnehmungstäuschungen und -ambiguitäten ereignen sich aber nicht nur beim Sehen, sondern bei allen Wahrnehmungsvorgängen, z. B. auch beim Fühlen (z. B. Craig und
Bushnell 1994), Schmecken (z. B. Todrank Bartoshuk 1991),
Riechen (z. B. Herz und von Clef 2001) oder Hören
(z. B. McGurk-Effekt; McGurk und Macdonald 1976). Ein
gutes Beispiel für Täuschungen beim Hören ist die sog. She-
pard-Skala (Shepard 1964). Dabei handelt es sich um verschiedene Sinustöne, die in ihrer Frequenz langsam ansteigen bzw.

◘ Abb. 2.5 Vase oder Gesichter?

abnehmen und miteinander vertauscht werden. Dadurch ergibt sich beim Hören der Eindruck einer unendlich ansteigenden oder abfallenden Tonleiter (auf youtube.com finden sich viele Beispiele dafür).

2.2 Wahrnehmen, Erkennen und Wissen

Ab welchem Zeitpunkt der Verarbeitung kognitive Prozesse (interpretative Prozesse) ins Spiel kommen, und ob es überhaupt eine nicht durch kognitive Prozesse beeinflusste Verarbeitungsstufe gibt, dazu gibt es unterschiedliche Ansichten (vgl. etwa Müsseler 1999; Pylyshyn 1999; Firestone und Scholl 2015; eine philosophische Diskussion dazu findet sich bei Schumacher 2004). Viele Täuschungen wurden beispielsweise zunächst als „optische Täuschungen" beschrieben, was insofern jedoch nicht korrekt ist, da die Fehler erst „nach dem Durchlaufen der Augenoptik" (Bach 2008, S. 1) auftreten, wir es also eher mit

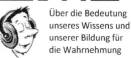
Über die Bedeutung unseres Wissens und unserer Bildung für die Wahrnehmung

2

Fehlern der visuellen Verarbeitung zu tun haben. Aber zu welchem Zeitpunkt, in welcher Phase entstehen die Fehler? Fehler, wie sie etwa beim Hermann-Gitter auftreten, werden häufig mit Prozessen erklärt, die auf Zellebene stattfinden. Hier etwa durch das Phänomen der lateralen Hemmung, die nichts anderes besagt, als dass gerade aktive Rezeptoren benachbarte Rezeptoren hemmen. Allerdings zeigt gerade neuere Forschung, dass kognitive Prozesse, und damit Erfahrungen und Erwartungen, vermutlich auch bei diesen Phänomenen schon zu einem sehr frühen Zeitpunkt in die Informationsverarbeitung eingreifen (vgl. z. B. Bach 2008). Ganz genau klären kann man das vermutlich nicht, am Ende wird es eine Definitionsfrage sein, wann wir nun von „kognitiven Prozessen" und „vorkognitiven Prozessen" sprechen wollen. Für unsere Zwecke mag es ausreichen, davon auszugehen, dass mit zunehmendem Verarbeitungsfortschritt der Anteil kognitiver Prozesse zunimmt.

Wenn wir also die Welt um uns herum wahrnehmen, dann setzt dies immer schon voraus, dass wir Annahmen über die Welt und die darin befindlichen Objekte haben (vgl. Helmholtz 1867; Gregory 1997). Ohne solche Annahmen mag es zwar Sinnesempfindungen geben, aber Erkennen im Sinne von Identifizieren und Bedeutung geben kann nicht stattfinden. Helmholtz hat dies schon vor 150 Jahren treffend formuliert: „Da Wahrnehmungen äusserer Objecte also zu den Vorstellungen gehören, und Vorstellungen immer Acte unserer psychischen Thätigkeit sind, so können auch die Wahrnehmungen immer nur vermöge psychischer Thätigkeit zu Stande kommen, und es gehört deshalb die Lehre von den Wahrnehmungen schon eigentlich dem Gebiete der Psychologie an." (Helmholtz 1867, S. 427). Dies ist insofern eine sehr bedeutsame Feststellung, als sich daraus sofort wichtige Implikationen ableiten lassen. Wenn unser Wissen, unsere Erfahrungen und Erwartungen, also unsere „psychische Tätigkeit" für den Wahrnehmungsvorgang so entscheidend ist, dann müssten doch Personen mit unterschiedlichem Wissen die Welt auch anders sehen. Und ist es nicht auch so, dass beispielsweise ein Arzt mit seinem Wissen über den Körper bei der Betrachtung von Ultraschallbildern Dinge erkennen kann, die wir als Laien weder erkennen noch in irgendeiner Form überhaupt als differenzierbares Objekt wahrnehmen?

Kognitive Prozesse nehmen mit der Verarbeitungsdauer zu

Eine ganz besondere Rolle kommt hier auch der Sprache zu, die letztlich den Zugang zu einem Großteil unseres Wissens darstellt.

Sprache ist nicht nur ein Instrument zum Austausch von Informationen, sie ist auch das größte Lexikon, welches wir zur Objektbestimmung haben. Sie umfasst alle Dinge, die wir benennen können, und erlaubt es uns, dieses Wissen an unsere Kinder weiterzugeben. Wenn wir einen Sachverhalt betrachten und uns bewusst wird, um was es sich dabei handelt, dann tun wir dies meistens sprachlich. Wir erkennen einen Apfel, ein Flugzeug oder einen Diebstahl. Was aber, wenn wir einen Sachverhalt sprachlich nicht ausdrücken können? Wenn uns die Worte und das durch sie bezeichnete Konzept dafür fehlen? Oder umgekehrt, was erkennen Personen mit mehr oder weniger differenziertem Repertoire an sprachlichen Konzepten?

Whorf (1956) und sein Lehrer Sapir (1921) haben dazu interessante Annahmen und interkulturelle Studien gemacht. So entdeckte beispielsweise Whorf (1956) bedeutsame Unterschiede zwischen der Anzahl an Wörtern, die für bestimmte Sachverhalte benutzt werden. Berühmt ist das Beispiel der Eskimos, die im Gegensatz zu uns, mehrere Wörter für Schnee besitzen. Aber bedeutet das auch, dass Eskimos mehr wahrnehmen als wir? Die Wissenschaft hat noch keine eindeutige und allgemein akzeptierte Antwort darauf gefunden. Die Vorstellungen von Whorf (1956) werden zwar heutzutage als zu rigide angesehen. Es lässt sich nämlich zeigen, dass Wahrnehmung und Wortschatz durchaus unabhängig voneinander sein können (z. B. Malt et al. 1999). Es ist daher hilfreich, zwischen Wahrnehmen und Erkennen zu differenzieren. So ist eine Wahrnehmung ohne Vorwissen durchaus möglich, ein Erkennen ohne Wissen ist dagegen *a priori* ausgeschlossen, da Erkennen ja gerade bedeutet, dass wir *wissen*, was wir da vor uns haben. In diesem Sinne wird der Wahrnehmungsvorgang, wenn er denn Identifizierungsprozesse beinhaltet, sehr wohl und sehr stark von unserem Wissen beeinflusst.

Sprache und Wahrnehmung

Blick in die Praxis: „Konsumtäuschungen"

Wahrnehmungsfehler und -täuschungen sind nicht nur für die Erkenntnis über grundlegende Prozesse unserer Informationsverarbeitung relevant, sondern begegnen uns auch im Alltag immer wieder. Denken wir beispielsweise an die Geschmacks- oder Geruchsbeurteilung von Produkten. Schmeckt der „rote Erdbeerjoghurt" nicht viel mehr nach Erdbeere, als seine blasse Variante? Und fühlt sich ein als cremig beschriebener Käse nicht tatsächlich viel cremiger an? Die Werbung ist voller sprachlicher Aufforderungen und Versprechungen, die unsere Wahrnehmung beeinflussen sollen. Und geben wir es doch zu, es funktioniert!

Blick in die Praxis: Wissen und Erkennen

Wie sehr unser Erkennen durch unser Wissen beeinflusst wird, lässt sich ganz einfach demonstrieren. Schauen Sie sich doch

2

einfach mal diesen Buchstabensalat an. Erkennen Sie darin
ein sinnvolles Wort?

  P A R A B R E Z Z A

  Nein? Vielleicht probieren Sie einmal eine andere Sprache
aus. Wie wäre es mit Italienisch? Gefunden? Wenn Sie Italienisch
können, dann werden Sie das Wort PARABREZZA, auf
Deutsch „Windschutzscheibe", erkennen. Wenn Sie kein Italienisch können, dann sehen Sie nur eine sinnlose Buchstabenreihe.
Wir erkennen eben nur, was wir wissen.

2.3 Psychophysik

In der zweiten Hälfte des 19. Jahrhunderts entwickelte sich,
vorangetrieben durch Forscher wie Gustav Theodor Fechner
(1801–1887) oder Ernst Heinrich Weber (1795–1878), eine
ganz neue Forschungsrichtung, die Psychophysik. Ausgangspunkt war die Frage, wie das (subjektive) psychische Erleben
einerseits und die quantitativen und objektiv messbaren Veränderungen innerhalb bzw. zwischen den physikalischen Reizen andererseits zusammenhängen. Fechner (1860) untersuchte z. B. absolute Reizschwellen und Unterschiedsschwellen.
Absolute Reizschwellen sind dabei Empfindungen von einer
Stärke, die wir gerade noch wahrnehmen können. Konkret:
Wie hell muss eine Lichtquelle sein, damit ich sie in Dunkel-
heit wahrnehmen kann? Wie laut muss ein Geräusch sein, dass
ich es gerade wahrnehmen kann?

Die Unterschiedsschwelle wiederum beschreibt jene Reizgröße, bei der zwei Reize gerade noch voneinander unterschieden werden können. Konkret: Um wie viel heller muss eine
Lichtquelle B sein, damit ich sie von einer Lichtquelle A unterscheiden kann? Um wie viel schwerer muss ein Gewicht B sein,
damit ich es als schwerer als Gewicht A wahrnehme? Weber
und Fechner konnten bei ihren Untersuchungen bestimmte
Gesetzmäßigkeiten entdecken. So konnte Weber (1834) beispielsweise zeigen, dass wir bei der Beobachtung von Unterschieden zwischen zwei Reizen nicht deren Differenz wahrnehmen, sondern den Quotienten der Differenz zur absoluten
Größe des Vergleichsreizes. Mit anderen Worten: Der eben
noch merkliche Reizunterschied steht in einem konstanten
Verhältnis zur Größe des Bezugsreizes ($\Delta I/I$ = konstant, wobei
ΔI der Reizunterschied ist).

Fechner folgert daraus, dass ΔI ein Maß für den eben
noch merklichen Empfindungsunterschied sein muss: $E = c \times
\log I + f$ (E meint die Empfindungsintensität, I die Reizinten-
sität und c und f sind von der jeweiligen Sinnesmodalität abhängige Einflussgrößen). Einfach ausgedrückt bedeutet das

Fechner-Gesetz, dass die Empfindungsstärke mit dem Logarithmus der Reizstärke wächst, eine Verdoppelung der Reizstärke also einem deutlich geringeren Zuwachs der wahrgenommenen Intensität entspricht. Wenn zum Beispiel Licht A doppelt so hell ist wie Licht B, dann nehmen wir Lichtquelle A nicht als doppelt so hell wahr wie B, sondern nur etwa 30 % heller.

Die Allgemeingültigkeit des Fechnerschen Gesetzes gilt zwar heute als widerlegt, wurde aber für mittlere Reizintensitäten bestätigt. In den 1950er-Jahren wurde das Fechnersche Gesetz durch den Psychologen Stevens (1957) reformuliert. Als Stevensches Gesetz ist seither folgende Potenzfunktion bekannt: $E = a \times l^b$ (wobei a von der skalierten Maßeinheit abhängt und b sinnesspezifische Faktoren darstellt). Anhand dieser Funktion lässt sich nun beispielsweise zeigen, dass die subjektiven Empfindungen mit steigender Reizintensität für unterschiedliche Sinnesempfindungen ganz unterschiedlich sind. Eine Verdopplung der Helligkeit geht nicht mit einer Verdopplung des Helligkeitsempfindens einher. Dagegen kann beim Schmerzempfinden eine nur geringe Intensitätserhöhung zu einer drastischen Zunahme des Schmerzes führen.

Gesetze der Psychophysik

❓ Prüfungsfragen

1. Erläutern Sie die drei Schritte des Wahrnehmungsvorgangs an einem Beispiel.
2. Warum ist der Unterschied zwischen Empfindung einerseits, Wahrnehmung andererseits so bedeutsam?
3. Was sind Wahrnehmungstäuschungen und Wahrnehmungsambiguitäten und an welchen Stellen des Wahrnehmungsprozesses entstehen sie?
4. Inwiefern kann Sprache unsere Wahrnehmung beeinflussen?
5. Was versteht man unter der absoluten Reizschwelle bzw. der Unterschiedsschwelle? Geben Sie dazu jeweils ein anwendungspraktisches Beispiel.
6. Was wird in Webers Gesetz bzw. dem Gesetz von Stevens genau beschrieben? Wie kann man diese Gesetze in der Anwendungspraxis nutzen?

Zusammenfassung

- Unsere Sinne reagieren auf Veränderungen in ganz verschiedenen Dimensionen (Wärme, Licht, Schall etc.).
- Beim Wahrnehmungsprozess spielen Bottom-up- und Top-down-Prozesse zusammen.
- Beim Wahrnehmen lassen sich Wahrnehmungstäuschungen und Wahrnehmungsambiguitäten unterscheiden.

2

- Wahrnehmungstäuschungen bezeichnen Wahrnehmungen von faktisch nicht Vorhandenem.
- Wahrnehmungsambiguitäten entstehen, wenn unterschiedliche Interpretationen möglich sind.
- Wahrnehmung kann als psychische Tätigkeit angesehen werden.
- Erkennen setzt Wissen voraus.
- Beim Prozess des Erkennens kann Sprache eine bedeutende Rolle spielen.
- Die Psychophysik untersucht die Beziehung zwischen physikalischen Reizen und deren subjektivem Erleben.
- Die absolute Reizschwelle ist die Empfindungsstärke, bei der wir einen Reiz gerade noch wahrnehmen können.
- Die Unterschiedsschwelle ist die Reizgröße, die es bedarf, um zwei Reize voneinander unterscheiden zu können.
- Webers Gesetz besagt, dass die Unterschiedsschwelle in einem konstanten Verhältnis zur Größe des Bezugsreizes steht. Es gilt nur für mittlere Reizintensitäten.
- Das Stevensche Gesetz gilt heute als die beste Beschreibung des Zusammenhangs zwischen der Stärke eines physikalischen Reizes und dessen subjektivem Empfinden.
- Es macht auch Vorhersagen für sinnesspezifische Wahrnehmungsunterschiede.

Schlüsselbegriffe

Absolute Reizschwelle, Bottom-up, Empfindung, Psychophysik, Sprache, Stevensches Gesetz, Top-down, Unterschiedsschwelle, Wahrnehmungsvorgang, Webers Gesetz, Wahrnehmung, Wahrnehmungsambiguität, Wahrnehmungstäuschung.

Literatur

Adelson, E. H. (2000). Lightness perception and lightness illusions. In E. Gazzaniga (Hrsg.), *The new cognitive neurosciences* (2. Aufl., S. 339–351). Cambridge: MIT Press.

Bach, M. (2008). Die Hermann-Gitter-Täuschung: Lehrbucherklärung widerlegt. *Der Ophthalmologe: Zeitschrift der Deutschen Ophthalmologischen Gesellschaft, 106*(10), 913–917.

Craig, A. D., & Bushnell, M. C. (1994). The thermal grill illusion: Unmasking the burn of cold pain. *Science, 265*(5169), 252–255.

Fechner, G. T. (1860). *Elemente der Psychophysik*. Leipzig: Breitkopf und Härtel.

Firestone, C., & Scholl, B. J. (2015). Cognition does not affect perception: Evaluating the evidence for „top-down" effects. *Behavioral and Brain Sciences, 39*, e229.

Gregory, R. L. (1997). Knowledge in perception and illusion. *Philosophical Transactions of the Royal Society of London B: Biological Sciences, 352*(1358), 1121–1127.

Hermann, L. (1870). Eine Erscheinung simultanen Contrastes. *Archiv für die gesamte Physiologie des Menschen und der Tiere, 3*(1), 13–15.

Herz, R. S., & von Clef, J. (2001). The influence of verbal labeling on the perception of odors: Evidence for olfactory illusions? *Perception, 30*(3), 381–391.

Malt, B. C., Sloman, S. A., Gennari, S., Shi, M., & Wang, Y. (1999). Knowing versus naming: Similarity and the linguistic categorization of artifacts. *Journal of Memory and Language, 40*(2), 230–262.

Mcgurk, H., & Macdonald, J. (1976). Hearing lips and seeing voices. *Nature, 264*(5588), 746–748.

Müller-Lyer, F. C. (1889). Optische Urteilstäuschungen. *Archiv für Anatomie und Physiologie, Physiologische Abteilung, 2,* 263–270.

Müsseler, J. (1999). How independent from action control is perception? An event-coding account for more equally-ranked crosstalks. In G. Aschersleben, T. Bachmann, & J. Müsseler (Hrsg.), *Advances in psychology* (Bd. 129, S. 121–147). North-Holland: Elsevier Science.

Pylyshyn, Z. (1999). Is vision continuous with cognition? The case for cognitive impenetrability of visual perception. *Behavioral and Brain Sciences, 22*(3), 341–365.

Sapir, E. (1921). *Language: An Introduction to the study of speech.* New York: Harcourt, Brace.

Schumacher, R. (2004). Die kognitive Undurchdringbarkeit optischer Täuschungen. George Berkeleys Theorie visueller Wahrnehmung im Kontext neuerer Ansätze. *Zeitschrift für Philosophische Forschung, 58*(4), 505–526.

Shepard, R. N. (1964). Circularity in judgments of relative pitch. *The Journal of the Acoustical Society of America, 36*(12), 2346–2235.

Stevens, S. S. (1957). On the psychophysical law. *Psychological Review, 64*(3), 153–181.

Todrank, J., & Bartoshuk, L. M. (1991). A taste illusion: Taste sensation localized by touch. *Physiology & Behavior, 50*(5), 1027–1031.

Von Helmholtz, H. (1867). *Handbuch der physiologischen Optik* (Bd. 1). Leipzig: Voss.

Weber, E. H. (1834). *De pulsu, resorptione, auditu et tactu: Annotationes anatomicae et physiologicae, auctore. prostat apud.* Leipzig: Koehler.

Whorf, B. L. (1956). *Language, thought, and reality; selected writings.* Cambridge: The MIT Press.

Visuelle Wahrnehmung

Inhaltsverzeichnis

© Springer-Verlag GmbH Deutschland, ein Teil von Springer Nature 2020
P. M. Bak, *Wahrnehmung, Gedächtnis, Sprache, Denken*, Angewandte Psychologie Kompakt,
https://doi.org/10.1007/978-3-662-61775-5_3

3

 Lernziele

- Die Funktionsweise des Auges prinzipiell kennen
- Den Unterschied zwischen distalem und proximalem Reiz kennen
- Erklären können, wie die räumliche und die Tiefenwahrnehmung zustande kommen
- Gestaltgesetze beschreiben können
- Wahrnehmungskonstanzen erklären können
- Grundlegende Problem bei der Objektidentifizierung erläutern können
- Wissen, mit welcher Frage sich das Bindungsproblem beschäftigt

Einführung

Leonardo da Vinci war der Meinung, dass das Auge „der überlegene [Sinn] und Fürst der anderen" ist (Herzfeld 1906, S. 113). Und in der Tat kommt der visuellen Wahrnehmung eine besondere Bedeutung zu, obgleich es einigermaßen schwerfällt, tatsächlich eine Hierarchie aufzustellen und einzelne Sinne dabei hervorzuheben, allein schon, weil die Sinne ohnehin permanent zusammenwirken. Dennoch, das Auge besitzt ein im Vergleich zu unseren anderen Sinnen extrem großes Auflösungsvermögen und beliefert uns mit sehr detailreichen Informationen. Was wir von der Welt sehend erfahren, ist allerdings keineswegs nur eine Angelegenheit unseres Auges, sondern vielmehr ein hochkomplexer Vorgang, der zwar in den Augen beginnt, aber durch zahlreiche andere Prozesse ergänzt und modifiziert wird. Beginnen wir unsere Betrachtungen mit einem Blick auf und v. a. in unser Auge und versuchen wir uns ein Bild darüber zu verschaffen, wie die visuelle Wahrnehmung insgesamt funktioniert.

3.1 Das Auge

Unser Auge ist ein wahres Meisterwerk, bei dem verschiedene Funktionselemente perfekt aufeinander abgestimmt sind (◘ Abb. 3.1). Wir wollen uns an dieser Stelle nicht mit den bio- bzw. physiologischen Merkmalen des Auges im Detail beschäftigen (vgl. dazu etwa Bruce et al. 2003; Müsseler 2017), sondern uns vielmehr auf die grundlegende Funktionsbeschreibung fokussieren. Das Auge ist – wie alle anderen Sinnesorgane auch – eine Art Resonanzkörper, der auf Veränderungen der Umwelt reagiert, in diesem Fall auf Lichtveränderungen. So reflektiert etwa ein Umweltreiz (distaler Reiz) Licht einer bestimmten Wellenlänge, das dann durch die Pupille und Linse auf die Netzhaut (Retina) trifft und dort für eine entsprechende Stimulierung der photosensiblen Zellen sorgt (proximaler Reiz).

Distaler und proximaler Reiz

Unser visueller Zugang zu der Welt da draußen findet also nicht direkt, sondern nur vermittelt über die Interpretation des

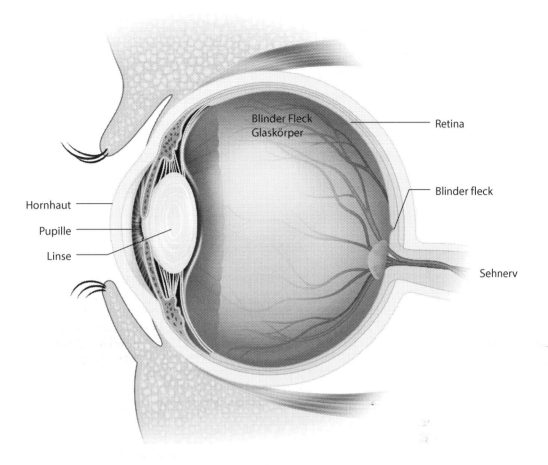

◘ Abb. 3.1 Das menschliche Auge. (© Claudia Styrsky)

proximalen Abbildes statt. Das sichtbare Spektrum reicht dabei von Wellenlängen zwischen 400 THz/750 nm (rot) bis ungefähr 750 THz/400 nm (violett). Die Retina besitzt etwa 126 Mio. stäbchen- oder zapfenförmige Photorezeptoren mit unterschiedlichen Empfindlichkeiten. Die ca. 120 Mio. Stäbchen weisen dabei eine deutlich höhere Lichtempfindlichkeit auf als die ca. 6 Mio. Zapfen. Über die Stäbchen erhalten wir Informationen über die Helligkeit bzw. die achromatischen Farben Weiß, Grau und Schwarz (Nacht- oder skotopisches Sehen). Die Zapfen sind dagegen für das Farbensehen verantwortlich (photopisches Sehen). Es gibt drei Zapfentypen: Die S-Zapfen reagieren auf kurzwelliges Licht (blau), die M-Zapfen (grün) auf Licht mittlerer Länge und die L-Zapfen auf das langwellige Licht (rot). Zapfen und Stäbchen verteilen sich in unterschiedlicher Dichte auf der Retina. So findet sich die höchste Zapfendichte etwa in der Mitte der Netzhaut, im Gebiet der Fovea centralis. Hier ist auch der Bereich des schärfsten Sehens, der allerdings

3

Skotopisches und
photopisches Sehen

nur etwa 2° unseres Gesichtsfeldes ausmacht. Mit zunehmender Entfernung von der Fovea lässt die Zapfendichte deutlich nach.

Bei den Stäbchen verhält es sich umgekehrt, ihre relative Dichte nimmt nach außen hin zu. Im Bereich der Fovea selbst sind keine Stäbchen zu finden. Für skotopisches Sehen bedeutet das, dass wir nur Objekte außerhalb der Fovea sehen können, d. h. nur Objekte, die außerhalb des zentralen Sehfeldes liegen. Stäbchen und Zapfen leiten die eingehenden Lichtinformationen über den Sehnerv in unser Gehirn zur weiteren Verarbeitung weiter. Die Stelle, bei der der Sehnerv ins Auge hineinreicht, besitzt keine photosensiblen Zellen und wird daher als „blinder Fleck" bezeichnet. Tatsächlich sehen wir an dieser Stelle nichts, was uns in der Regel aber nicht auffällt, weil unser Gehirn die fehlende Information durch Hinzunahme der Informationen aus benachbarten Zellen und der Informationen aus den korrespondierenden Zellen des anderen Auges kompensiert.

Blick in die Praxis: Den „blinden Fleck" entdecken
Es ist ganz einfach, den eigenen „blinden Fleck" zu entdecken. Halten Sie doch einmal Ihr rechtes Auge zu und fixieren mit dem linken Auge das X. Nehmen Sie das Buch nun in die Hand und halten es etwa 3-mal so weit weg von Ihrem Auge, wie es der Distanz zwischen den beiden Buchstaben entspricht. Das O sollte verschwinden. Wenn dem nicht so ist, variieren Sie leicht die Distanz, in der Sie das Buch halten.

X   O

Blick in die Praxis: Illustration der abnehmenden Sehschärfe
Wie stark die Sehschärfe außerhalb des Fixationspunktes nachlässt, kann ebenfalls sehr einfach illustriert werden. Fixieren Sie dazu den gefetteten Buchstaben und versuchen Sie, die Buchstaben am Rand zu identifizieren. Es wird Ihnen nicht gelingen!

G U A C V H J I R T **W** F P L M A Q X Z Y D

3.2 Raum- und Tiefenwahrnehmung

Entscheidend für unser Sehen ist der proximale Reiz, also die Gesamtheit der physikalischen Einwirkungen des distalen Reizes. Was wir allerdings dann sehen, ist das Ergebnis weiterer, nachgeordneter Prozesse. So bemerken wir etwa nicht, dass wir die Augen ab und zu und regelmäßig schließen. Uns wird nicht schwarz vor Augen. Stattdessen sehen wir kontinuierlich ein Bild. Neuere Studien belegen, dass unser Gehirn dies über Informationen aus einem Wahrnehmungsgedächtnis bewerkstelligt. Fehlende Informationen werden einfach durch frühere Erinnerungen ersetzt (Schwiedrzik et al. 2018). Wir sehen überdies keinesfalls zwei Bilder, was angesichts zweier Augen zu erwarten wäre, sondern ein einziges, und wir können räumlich sehen, obwohl wir nur über zweidimensionale Abbilder verfügen. Uns gelingt das durch eine Reihe von Bildmerkmalen (monokulare Tiefenkriterien), durch Informationen, die wir aus beiden Augen erhalten (binokulare Tiefenkriterien) und durch Bewegungsinformationen.

3.2.1 Monokulare Tiefenkriterien

Um aus zweidimensionalen Ansichten einen räumlichen Eindruck zu gewinnen, lassen sich eine Reihe an Bildmerkmalen nutzen. So lässt sich anhand der Verdeckung von Objekten erkennen, welches Objekt weiter vorne bzw. hinten steht (vgl. ◙ Abb. 3.2). Auch die Abweichung von der bekannten Größe eines Objekts gibt Aufschluss über seine Entfernung: Je kleiner das Objekt ist, umso weiter entfernt muss es wohl sein. Zudem sind Objekte, die im Gesichtsfeld weiter oben zu sehen sind, vermutlich weiter entfernt (der Horizont liegt höher als Objekte, die in unmittelbarer Nähe stehen). Außerdem sind weiter entfernte Objekte weniger

Atmosphärische und lineare Perspektive

◙ **Abb. 3.2** Monokulare Tiefenkriterien: Verdeckung (links), Linearperspektive (rechts)

3

detailreich zu sehen, die Farben verblassen und die Konturen verschwinden (atmosphärische Perspektive). Schließlich können wir Tiefeninformationen auch aus der Linearperspektive, also dem Zusammenlaufen von Linien mit zunehmender Distanz bzw. einer Zunahme des Texturgradienten (Objekte scheinen in weiter Entfernung näher beieinander zu liegen) ableiten (vgl. ◘ Abb. 3.2).

3.2.2 Binokulare Tiefenkriterien

Querdisparation, Konvergenz und Akkommodation

Neben diesen monokularen Tiefenkriterien finden sich noch weitere Faktoren, anhand derer wir zu einem räumlichen Eindruck gelangen, insbesondere bei der Betrachtung realer, dreidimensionaler Objekte. Einer davon ist die *Querdisparation*, womit der Unterschied zwischen den Objektabbildern in beiden Augen verstanden wird. Fixieren wir ein Objekt, dann wird es in beiden Augen auf korrespondierenden Netzhautpositionen abgebildet. Andere, nicht fokussierte Reize werden jedoch auf nichtkorrespondierenden Netzhautstellen projiziert. Aus dem Ausmaß der Nichtkorrespondenz lässt sich dann die Tiefe (Entfernung) der Reize erkennen. Weitere binokulare Tiefenkriterien stellen die *Konvergenz* und die *Akkommodation* der Augen dar. Mit Konvergenz ist die Augenstellung gemeint. Bei weit entfernten Objekten richten sich die Augen parallel aus, bei nahen Objekten konvergieren sie (bis wir am Ende schielen). Akkommodation bezeichnet dagegen die Anpassung der Linsenform durch Muskelbewegungen. Bei Betrachtung naher Objekte wird die Linse zusammengedrückt und breiter, bei weiter entfernten Objekten wird die Linse dagegen auseinandergezogen und flacher.

3.2.3 Bewegungsinformationen

Blick auf dem Zugfenster

Schließlich gelangen wir zu Tiefeninformationen auch über die sog. Bewegungsparallaxe. Diese kann man gut mit dem Blick aus dem Zugfenster erläutern. Objekte, die weit entfernt sind, bewegen sich sehr viel langsamer als Objekte in unmittelbarer Nähe und verbleiben auch länger im Gesichtsfeld. Zudem bewegen sich Objekte vor und hinter einem Fixationspunkt gegenläufig. An dieser Stelle der Hinweis, dass das Erkennen von realen Bewegungen vermutlich an die zeitlich versetzten, retinalen Stimulationen gebunden ist (weiterführend dazu vgl. z. B. Müsseler 2017).

Blick in die Praxis: Räumliche Tiefe in der Kunst Blick auf dem Zugfenster.

Wer schon einmal Gemälde aus dem Mittelalter betrachtet hat, dem wird aufgefallen sein, dass hier etwas nicht stimmt. Die abgebildeten Personen sind unabhängig von der Entfernung oft sehr groß und auch die Größenverhältnisse und die Perspektive stimmen einfach nicht. Die Entdeckung der modernen Perspektive für Kunst und Architektur fand nämlich erst zu Beginn des 15. Jahrhunderts in Florenz statt und ist mit Namen wie dem Architekten Filippo Brunelleschi oder dem Bildhauer Donatello verbunden (Markschies 2011).

Blick in die Praxis: Steht die Welt auf dem Kopf?

Häufig wird das Auge in Analogie zu einem Fotoapparat oder einer Laterna magica erklärt. Letzteres kann man einfach selber bauen. Dazu genügen ein Schuhkarton und Butterbrotpapier. Auf einer der kurzen Seiten des Kartons wird zunächst mittig ein Loch eingefügt, z. B. mit Hilfe eines Schraubenziehers. Auf der gegenüberliegenden Seite schneidet man ein Fenster hinein und beklebt die Öffnung mit dem Butterbrotpapier. Jetzt dreht man die Laterna magica so, dass möglichst viel Licht durch die Lochöffnung fällt. Am besten zieht man sich auch noch eine abdunkelnde Decke über den Kopf und das Fensterende des Apparats. Was man nun sehen kann, ist ein Abbild der Welt vor der kleinen Öffnung. Allerdings auf dem Kopf stehend, denn die Lichtstrahlen, die von außen kommen, überkreuzen sich in dem Loch und werden auf dem „Kopf stehend" auf das Butterbrotpapier projiziert. Diese Beobachtung lässt den Schluss zu, dass auch auf unserer Netzhaut der proximale Reiz eine „Kopfüberversion" des distalen Reizes darstellt und unser Gehirn die Bildinformation erst einmal um 180° drehen muss. Tatsächlich verhält es sich hier aber ganz anders. Es bedarf keines solchen Eingriffs. Vielmehr lernt unser Gehirn eine einfache Regel, nämlich: Oben auf der Netzhaut ist da, wohin die Objekte sich bewegen, wenn wir sie loslassen. Dies hat Kohler (1962) in erstaunlichen Experimenten gezeigt. Er setzte Versuchspersonen (und auch sich selbst) Brillen auf, die die Welt auf den Kopf stellten oder verzerrten. Nach einer Eingewöhnungszeit von ein paar Tagen, in der das falsche Bild zunächst irritierend war, stellte sich allmählich die ganz normale Weltsicht wieder ein. Das Gehirn lernt also einfach Zuordnungsre-

3

geln und „übersetzt" das eintreffende Bild, so dass wir uns sinnvoll in der Umgebung verhalten können. „Oben", „unten", „auf dem Kopf stehend", „spiegelverkehrt" sind Konzepte, die für unser Gehirn keine Bedeutung haben.

3.3 Objektwahrnehmung

Schauen Sie sich doch einmal um. Was sehen Sie alles? Ich beispielsweise gerade einen Stuhl in meinem Arbeitszimmer, weitere Stühle und einen Tisch auf dem Balkon, Blumenkübel, eine Gießkanne und viele andere Objekte. Wie aber gelingt es uns eigentlich, einzelne Objekte wahrzunehmen? Hierbei handelt es sich keineswegs um eine triviale Frage, wir könnten uns auch mit Max Wertheimer wundern: „Ich stehe am Fenster und sehe ein Haus, Bäume, Himmel. Und könnte nun, aus theoretischen Gründen, abzuzählen versuchen und sagen: Da sind [...] 327 Helligkeiten (und Farbtöne)." (Wertheimer 1923, S. 301). Es stellt sich somit die Frage, wie wir das alles zu Objekten organisieren, was wir da sehen.

3.3.1 Gestaltgesetze

Erste Voraussetzung dafür, dass wir ein Objekt überhaupt als ein distinktes Objekt wahrnehmen, ist die Unterscheidung des Objekts zum Hintergrund, andernfalls würde es mit diesem verschmelzen. Dass diese scheinbar einfache Sache tatsächlich alles andere als selbstverständlich ist, zeigen Kippbilder, bei denen es immer wieder zum spontanen Wechsel der Figur-Grund-Zuordnung kommt (vgl. ◘ Abb. 2.5). Die Gestaltpsychologie hat sich zu Beginn des 20. Jahrhunderts intensiv mit solchen und anderen Phänomen beschäftigt und dabei bestimmte Gesetzmäßigkeiten entdeckt, nach denen wir das Gesehene zu organisieren scheinen (vgl. dazu etwa Metzger 1966; Wertheimer 1922, 1923). Es lassen sich nach Metzger (1966) folgende Gestaltgesetze unterscheiden:
- **Gesetz der Gleichartigkeit und der geringsten Inhomogenität**: Elemente, die in Bezug auf Farbe, Form, Helligkeit etc. gleichartig sind, werden eher gruppiert (vgl. ◘ Abb. 3.3a).
- **Gesetz der Nähe und der größten Dichte**: Elemente, die nah beieinanderstehen, werden eher gruppiert (vgl. ◘ Abb. 3.3b).
- **Gesetz des „gemeinsamen Schicksals" (übereinstimmenden Verhaltens)**: Elemente, die sich in gleicher Richtung bewegen, werden eher gruppiert.

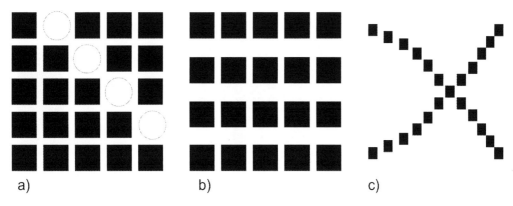

a)　　　　　　　　b)　　　　　　　　c)

■ **Abb. 3.3**　Gestaltgesetze

- **Gesetz der (objektiven) Einstellung**: Ist bereits eine bestimmte Anzahl an Elementen nach einem bestimmten Prinzip organisiert, wird ein weiteres Element nach dem gleichen Prinzip organisiert.
- **Gesetz des Aufgehens ohne Rest**: Alle Elemente werden in eine Gruppierung einbezogen.
- **Gesetz der durchgehenden Kurve (des glatten Verlaufs)**: Eine Linie (bzw. Kurve) wird, wenn möglich, kontinuierlich fortgesetzt (vgl. ■ Abb. 3.3c).
- **Gesetz der Geschlossenheit**: Elemente, die eine geschlossene Figur ergeben, werden eher gruppiert.

Ganz allgemein gilt das „Gesetz der guten Gestalt". Dieses besagt, dass letztlich die Organisation bevorzugt wird, die eine „gute Gestalt" hat, die also ein stimmiges Gesamtbild ergibt.

3.3.2 **Wahrnehmungskonstanzen**

Neben der Frage der allgemeinen Organisation von visuellen Eindrücken erstaunen noch andere Leistungen, die uns im Alltag gar nicht als Besonderheit bewusst werden. So bleibt beispielsweise die Form eines Objekts unabhängig von seinem retinalen Abbild gleich. Entspräche der proximale Reiz dem, was wir sehen, dann müssten wir verzerrte Objekte wahrnehmen, was wir jedoch nicht tun, wie Sie einfach nachvollziehen können, wenn Sie beispielsweise dieses Buch zugeklappt nach vorne kippen. Die Titelseite hat nach wie vor die Form eines Rechtecks, nicht die eines Trapezes. Offensichtlich korrigiert unsere eingebaute „Bildverarbeitungssoftware" die Verzerrung des Abbilds so, dass ein konstante Formwahrnehmung resultiert (Formkonstanz).

Formkonstanz

3

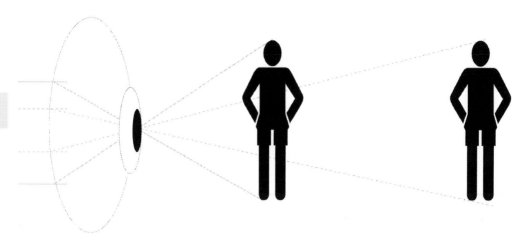

◘ Abb. 3.4 Größenkonstanz

Plausibilitätskorrekturen

Ähnliche Plausibilitätskorrekturen werden auch hinsichtlich der Größenwahrnehmung von Objekten durchgeführt. Die wahrgenommene Größe einer Person wird nicht nur aufgrund der Größe des retinalen Abbildes ermittelt. Auch die Distanzinformation wird zur Größenberechnung einbezogen. So werden die beiden Personen A und B (vgl. ◘ Abb. 3.4) als gleich groß wahrgenommen, obwohl das proximale Abbild von Person A kleiner ist als das von Person B. Diese Größenberechnung in Abhängigkeit von der Distanz wird eindrucksvoll durch die Ponzo-Täuschung (Ponzo 1912; s. auch Gregory 2008) veranschaulicht (vgl. ◘ Abb. 3.5). Die durch die lineare Perspektive vorgetäuschte Distanz wird zur Größenberechnung des Objekts hinzugenommen und lässt das „hintere Objekt" größer aussehen. Emmert (1881; s. auch Gregory 2008) hat diese gesetzmäßige Beziehung zwischen der wahrgenommenen Größe und der wahrgenommenen Entfernung eines Objekts entdeckt.

Blick in die Praxis: Die Mondtäuschung

Das Emmertsche Gesetz wird auch zur Erklärung der Mondillusion herangezogen. Der Mond am Horizont erscheint oft sehr groß und viel größer, als wenn er am Firmament steht. Beim Blick nach oben fehlen uns Tiefeninformationen, die uns beim Blick zum Horizont zur Verfügung stehen (Bäume, Häuser etc.). Das Firmament erhält daher eine abgeflachte Form. Bei faktisch gleich großem retinalem Abbild wird der Mond daher am Horizont als größer wahrgenommen, weil er scheinbar weiter entfernt von uns ist.

Wahrnehmungstäuschungen entstehen jedoch auch, wenn wir keine (oder die falschen) Tiefeninformationen haben. Dies wird

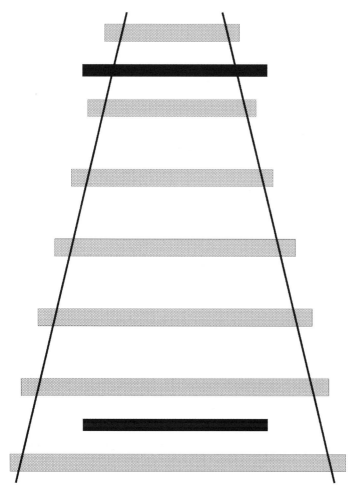

◻ **Abb. 3.5** Ponzo-Täuschung

beim Ames-Raum (Ames 1951; vgl. ◻ Abb. 3.6) ersichtlich.
Schaut man durch ein Guckloch in den Raum hinein, dann
sieht dieser ganz normal aus, d. h. Wände, Boden und Decke
stehen im rechten Winkel zueinander. Tatsächlich ist der Raum
jedoch trapezförmig. Die dem Betrachter gegenüberliegende
Wand sieht zwar eben aus, faktisch ist die linke Ecke ein ganzes
Stück nach hinten verschoben (vgl. ◻ Abb. 3.7). Stellt man nun
zwei gleichgroße Personen in die hinteren Ecken des Raumes, so
erscheint die rechte Person deutlich größer als die links stehende
Person. Aufgrund der fehlenden Distanzinformationen funktioniert die Größenkorrektur nicht.

　　Neben solchen Größenkorrekturen greift unser visuelles
System auch beim Helligkeits- und Farbempfinden ein, die
nämlich ebenfalls nicht allein von den distalen Reizeigen-
schaften abhängen. Die Helligkeitskonstanz bezieht sich da-

Helligkeitskonstanz und
Farbkonstanz

3

◘ **Abb. 3.6**   Ames-Raum: Größenillusion

bei auf die achromatischen Farben, die Farbkonstanz auf die chromatischen Farben. Betrachten wir beispielsweise eine schwarze und eine weiße Fläche, so erscheinen uns diese unabhängig von der Umgebungshelligkeit stets gleich schwarz oder weiß, was eigentlich nicht sein kann, da die Eindrücke schwarz und weiß von der Menge des reflektierten Lichts abhängen. Als Erklärung für dieses Konstanzempfinden wird angenommen, dass für die Abschätzung der Helligkeit Kontextinformationen mitberücksichtigt werden (vgl. dazu die Retinex-Theorie; Land 1977; Land und McCann 1971). Dieses Phänomen haben wir übrigens weiter vorne schon kennengelernt, als wir die Simultankontraste betrachtet haben. Ähnliches passiert bei der Wahrnehmung von chromatischen Farben. Auch hier werden die Farbeindrücke anhand der spektralen Zusammensetzung der Lichtquelle relativiert.

3.3.3 Objektidentifizierung

Eine wichtige Frage bei der Objektwahrnehmung ist, wie das Erkennen, also das Identifizieren eines Objektes, als solches

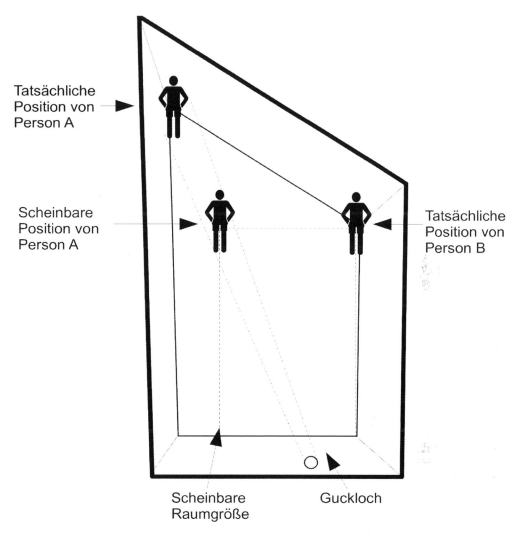

Tatsächliche Position von Person A

Scheinbare Position von Person A

Tatsächliche Position von Person B

Scheinbare Raumgröße

Guckloch

◘ Abb. 3.7 Aufbau des Ames-Raums

überhaupt funktioniert (vgl. z. B. Sutherland 1972; Müsseler 2017). Eine frühere Vorstellung war, dass wir für Objekte über mentale Schablonen verfügen, mit denen wir dann unsere Wahrnehmungseindrücke lediglich vergleichen müssen („template matching"), um sie zu identifizieren. Doch diese Vorstellung kann aus plausiblen Gründen verworfen werden. Wir müssten zum einen über quasi unendlich viele Schablonen verfügen und zum anderen kann damit nicht erklärt werden, dass wir auch Objekte wiedererkennen, die gedreht oder verkleinert wurden, und dass wir sogar neue, noch nicht bekannte Objekte erkennen können.

Wir brauchen also ein flexibleres System zur Objekterkennung. Wäre es nicht ökonomischer und effektiver, wenn

Template Matching und Feature Analysis

3

wir statt fester Schablonen Objekte anhand bestimmter, kritischer und unterscheidbarer Merkmale bzw. deren Kombinationen identifizieren könnten? Statt also für jedes Rechteck eine eigene Schablone zu besitzen, könnten wir das Rechteck auch als solches erkennen, wenn das Objekt über Linien verfügt, die in einem bestimmten Winkel zueinanderstehen und eine bestimmte Länge besitzen. Damit könnten wir dann alle Rechtecke erkennen, die es gibt, auch ohne das konkret vorliegende Rechteck jemals gesehen zu haben. Für Äpfel, Autos und Gesichter gilt das Gleiche. Diese sog. Merkmalsanalyse („feature analysis") reicht jedoch zur Objektidentifizierung noch nicht aus. Wir benötigen einen weiteren Prozess, der die wahrgenommenen Merkmale dann auch zu einem einzigen Objekt integriert. Wie dieser Integrationsschritt abläuft, ist nach wie vor nicht hinreichend geklärt. Wieder wird eine scheinbar alltägliche Angelegenheit zu einem echt kniffligen Problem.

3.3.4 Das Bindungsproblem

Das Bindungsproblem besteht aus der Frage, wie wir Einzelmerkmale wie z. B. Farbe, Form und Bewegung, die zudem auch noch in unterschiedlichen Gehirnregionen verarbeitet werden, zu einem einzigen, in sich kohärenten Objekt integrieren. Werden einfach jene Merkmale zusammengefasst, die über einen gemeinsamen Ort verfügen? Ist also die Objektposition das bindende Element (van der Heijden 1992)? Wenn das so ist, dann müsste mit dem Erkennen eines Objekts stets auch die Objektposition bekannt sein, aber nicht umgekehrt, wofür sich tatsächlich auch empirische Belege finden lassen (z. B. Müller und Rabbitt 1989; Tsal und Lavie 1988).

Agnosie – Eine sehr erkenntnisreiche Wahrnehmungsstörung

Synchronisation verschiedener neuronaler Aktivitäten

Auf neurophysiologischer Ebene finden sich Hinweise darauf, dass Bindung durch zeitliche Synchronisation verteilter Neuronenverbände zustande kommt (z. B. Engel und Singer 2001; vgl. auch Singer 2001). Es scheint so, als würde unser Gehirn über die Fähigkeit verfügen, neuronale Aktivitäten ganz unterschiedlicher Art, z. B. das Sehen und Hören eines Objekts, zu einer einheitlichen Repräsentation zusammenfassen, die wir dann quasi mit unserem inneren Auge betrachten können. Diese Synchronisation verschiedener Hirnaktivitäten scheint überdies unmittelbar mit unserem Bewusstsein zusammenzuhängen (Singer 2001), was das Bindungsproblem zu einer der faszinierendsten Fragestellungen an der Schnittstelle zwischen der Psychologie und den Neurowissenschaften macht.

❓ Prüfungsfragen

1. Erläutern Sie, wie der Prozess des Sehens abläuft.
2. In welchem Verhältnis stehen proximaler und distaler Reiz zueinander?
3. Wie gelingt es uns, räumliche Tiefe wahrzunehmen? Auf welche Informationen greifen wir dabei zurück?
4. Beschreiben Sie zwei monokulare und zwei binokulare Tiefenkriterien genauer.
5. Was beschreibt die Größenkonstanz und wie erklärt man sich das Phänomen?
6. Wie erklärt man sich Helligkeits- und Farbkonstanz?
7. Beschreiben Sie zwei Gestaltgesetze näher und fertigen Sie dazu jeweils eine Zeichnung an.
8. Warum wurde die Idee mentaler Schablonen bei der Objektidentifizierung verworfen? Welche andere Theorie wird stattdessen favorisiert?
9. Was versteht man unter dem Bindungsproblem?

Zusammenfassung

- Der distale Reiz bezeichnet den Reiz in der Umwelt.
- Der proximale Reiz bezeichnet die sinnesspezifische Reizung.
- Im Auge sind die Stäbchen für die Helligkeitswahrnehmung zuständig (skotopisches Sehen).
- Die Zapfen benötigen wir für die Farbwahrnehmung (photopisches Sehen).
- Es gibt drei Zapfentypen: S-, M- und L-Zapfen.
- Der Bereich der höchsten Zapfendichte liegt in der Mitte der Netzhaut (Fovea centralis).
- Der „blinde Fleck" ist eine Region ohne photosensible Zellen.
- Räumliches Sehen ist eine Interpretationsleistung unseres Gehirns.
- Der räumliche Eindruck entsteht unter Verwendung monokularer und binokularer Tiefenkriterien sowie der Bewegungsparallaxe.
- Monokulare Tiefenkriterien sind z. B. Verdeckungsgrad von Objekten, die Objektgröße, die atmosphärische Perspektive, die Linearperspektive und die Texturgradienten.
- Zu den binokularen Tiefenkriterien zählen die Querdisparation und die Konvergenz sowie die Akkommodation der Augen.
- Gestaltgesetze nennen Kriterien der Objektwahrnehmung.
- Es gibt z. B. das Gesetz der Gleichartigkeit, der Nähe oder der Geschlossenheit.

3

- Unter Größenkonstanz versteht man die Unabhängigkeit der Größenschätzung von der Größe des retinalen Abbildes.
- Zur Erreichung der Größenkonstanz wird auf Distanzinformationen zurückgegriffen.
- Helligkeits- und Farbkonstanzen ergeben sich durch die Berücksichtigung von Kontextinformationen.
- Bei der Objektwahrnehmung spielt die Merkmalsanalyse eine große Rolle.
- Das Bindungsproblem beschreibt, wie wir viele Objekteinzelmerkmale zu einem einzigen, in sich kohärenten Objekt integrieren.

Schlüsselbegriffe

Binokulare Tiefenkriterien, Bindungsproblem, blinder Fleck, distaler Reiz, Farbkonstanz, Fovea, Gestaltgesetze, Größenkonstanz, Helligkeitskonstanz, Linearperspektive, Merkmalsanalyse, monokulare Tiefenkriterien, Objektwahrnehmung, photopisches Sehen, proximaler Reiz, skotopisches Sehen, Stäbchen, Texturgradienten, Tiefenwahrnehmung, Zapfen.

Literatur

Adelson, E. H. (2000). Lightness perception and lightness illusions. In E. Gazzaniga (Hrsg.), *The new cognitive neurosciences* (2. Aufl., S. 339–351). Cambridge: MIT Press.

Ames, A. (1951). Visual perception and the rotating trapezoidal window. *Psychological Monographs: General and Applied, 65*(7), i–32.

Bruce, V., Green, P. R., & Georgeson, M. A. (2003). *Visual perception*. Hove: Psychology Press.

Emmert, E. (1881). Grössenverhältnisse der Nachbilder. *Klinische Monatsblätter für Augenheilkunde, 19*, 443–450.

Engel, A., & Singer, W. (2001). Temporal binding and the neural correlates of sensory awareness. *Trends in Cognitive Sciences, 5*, 16–25.

Gregory, R. (2008). Emmert's Law and the moon illusion. *Spatial Vision, 21*(3–5), 407–420.

van der Heijden, A. H. C. (1992). *Selective attention in vision*. London: Routledge.

Hermann, L. (1870). Eine Erscheinung simultanen Contrastes. *Archiv für die gesamte Physiologie des Menschen und der Tiere, 3*(1), 13–15.

Herzfeld, M. (1906). *Leonardo da Vinci. Der Denker, Forscher und Poet.* Jena: Diederichs.

Land, E. H. (1977). The retinex theory of color vision. *Scientific American, 237*(6), 108–129.

Land, E. H., & McCann, J. J. (1971). Lightness and retinex theory. *Journal of the Optical Society of America, 61*(1), 1–11.

Markschies, A. (2011). *Brunelleschi*. München: C.H. Beck.

Metzger, W. (1966). Figurale Wahrnehmung. In W. Metzger (Hrsg.), *Handbuch der Psychologie* (Bd. 1, S. 693–744). Göttingen: Hogrefe.

Müller, H. J., & Rabbitt, P. M. A. (1989). Spatial cueing and the relation between the accuracy of „where" and „what" decisions in visual search. *The Quarterly Journal of Experimental Psychology Section A, 41*(4), 747–773.

Müsseler, J. (2017). Wahrnehmung und Aufmerksamkeit. In J. Müsseler & M. Rieger: *Allgemeine Psychologie* (S. 13-50), Heidelberg: Springer.

Ponzo, M. (1912). Rapports entre quelques illusions visuelles de contraste angulaire et l'appréciation de grandeur des astres à l'horizon. *Archives Italiennes de Biologie, 58*, 327–329.

Schwiedrzik, C. M., Sudmann, S. S., Thesen, T., Wang, X., Groppe, D. M., Mégevand, P., ... Melloni, L. (2018). Medial prefrontal cortex supports perceptual memory. *Current Biology*, 28(18), R1094–R1095.

Singer, W. (2001). Consciousness and the binding problem. *Annals of the New York Academy of Sciences, 929*(1), 123–146.

Sutherland, N. S. (1972). Object recognition. In E. C. Carterette & M. P. Friedman (Hrsg.), *Handbook of perception* (Bd. 3, S. 157–186). New York: Academic.

Tsal, Y., & Lavie, N. (1988). Attending to color and shape: The special role of location in selective visual processing. *Perception & Psychophysics, 44*(1), 15–21.

Wertheimer, M. (1922). Untersuchungen zur Lehre von der Gestalt. *Psychologische Forschung, 1*(1), 47–58.

Wertheimer, M. (1923). Untersuchungen zur Lehre von der Gestalt. II. *Psychologische Forschung, 4*(1), 301–350.

Wahrnehmung über andere Sinne

Inhaltsverzeichnis

© Springer-Verlag GmbH Deutschland, ein Teil von Springer Nature 2020
P. M. Bak, *Wahrnehmung, Gedächtnis, Sprache, Denken*, Angewandte Psychologie Kompakt,
https://doi.org/10.1007/978-3-662-61775-5_4

Lernziele

➡ Prinzipiell den Vorgang des Hörens, Riechens, Schmeckens und Fühlens erklären können
➡ Das Zusammenspiel der Sinne exemplarisch beschreiben können
➡ Die Bedeutung von Wahrnehmungsprozessen für die Praxis kennen und beispielhaft begründen können

4

Einführung

Auch wenn der visuelle Sinn die am meisten untersuchte Sinnesmodalität darstellt, müssen wir Wahrnehmung als einen Prozess verstehen, bei dem nicht nur unterschiedliche Sinne in unterschiedlichem Maße beteiligt sind, sondern bei dem sich unsere Sinne gegenseitig ergänzen. Vor allem dem Hörsinn kommt dabei große Bedeutung zu. Hören und Sehen gehen nämlich Hand in Hand. Gleiches gilt für Riechen und Schmecken. Betrachten wir im Folgenden zunächst grundlegende und sinnesspezifische Wahrnehmungsprozesse, bevor wir uns zum Ende des Kapitels mit der Frage des Zusammenspiels der verschiedenen Sinneskanäle beschäftigen werden.

4.1 Hören

Frequenz und Amplitude

Das Hören wird neben dem visuellen Sinn auch als unser zweiter Fernsinn bezeichnet. Der dritte Fernsinn ist das Riechen (ausführlich dazu s. etwa Bendixen und Schröger 2017). Wie das Sehen ist auch das Hören ein komplexer Prozess, bei dem physikalische Veränderungen in der Außenwelt (beim Hören Luftdruckschwankungen mit einer bestimmten Frequenz und Amplitude) durch eine komplizierte Feinmechanik in neuronale (elektrische) Impulse umgewandelt und in unser Gehirn zur weiteren Verarbeitung weitergeleitet wird. Ein Vorgang der Transduktion genannt wird. Die Frequenz bestimmt dabei die Tonhöhe und die Amplitude die Lautstärke, die wir wahrnehmen. Unsere Ohren dienen dazu, die Schallwellen wie in einem Trichter zu bündeln und zu verstärken.

Monaurale und binaurale Faktoren

Eine wesentliche Aufgabe der Weiterverarbeitung besteht darin, die Herkunft des Tons zu lokalisieren. Die Ortung der Schallquelle (links oder rechts) wird dabei in erster Linie auf Basis der Informationen, die wir über unsere beiden Ohren erhalten (*binaurales Hören*), berechnet. Dabei fließen sowohl Zeit- als auch Intensitätsunterschiede in die Entfernungsschätzung ein. Für die Oben-unten-Ortung greift unser auditives System auf *monaurale Informationen*, also Informationen aus einem Ohr zurück. Die Form des Außenohrs und die damit verbundenen Schallreflexionen sind dabei bedeutsam. Unsicherheiten bei der Lokalisierung beseitigen wir u. a. durch kleine Kopfbewegungen, wodurch sich die monauralen und binauralen Berechnungsgrundlagen ebenfalls geringfügig verändern. Des Weiteren versorgt uns unser Hörsinn auch über Distanzinformationen, die hauptsächlich durch die Signallautstärke geschätzt wird.

Zu welch enormer Leistung unser auditives System in der Lage ist, kann nicht zuletzt bei blinden Menschen beobachtet werden, für die das Hören der Umwelt viele fehlende Seheindrücke kompensieren kann. Ganz erstaunlich sind etwa die Befunde zum menschlichen Echolot („human echolocation"), die belegen, dass Menschen nicht nur passiv über eine sehr hohe Sensibilität für reflektierte Schallwellen besitzen, sondern durch das Aussenden von Tonsignalen (z. B. Schnalzgeräusche mit der Zunge) auch aktiv Informationen zur Distanzschätzung generieren können (s. dazu z. B. Kish 2009; Schenkman und Nilsson 2010; Stroffregen und Pittenger 1995). Dies ist umso bedeutender, wenn man bedenkt, dass unser Hörsinn mit dem Alter deutlich abnimmt (Hesse und Laubert 2005), was dann nicht nur Auswirkungen auf die soziale Interaktionsmöglichkeiten haben kann, sondern auch auf die Orientierungsfähigkeit.

Menschliches Echolot

4.2 Riechen

Der Geruchssinn bzw. unser olfaktorisches System versorgt uns ähnlich dem Hörsinn auch mit Informationen über entfernte Objekte. Obwohl uns unser Geruchssinn mit sehr vielfältigen Informationen versorgt, ist es einigermaßen schwierig, Duft genau zu beschreiben. Sie können es ja einmal selbst ausprobieren und beschreiben, was Sie gerade riechen. Von Henning (1917) stammt die nach wie vor genutzte Unterscheidung der sechs Geruchsklassen würzig, blumig, fruchtig, harzig, brenzlich und faulig. Wie auch beim Schmecken ist das Riechen Folge chemischer Sinnesempfindungen. Durch das Einatmen der Luft gelangen chemische Moleküle an die Rezeptoren der Nasenschleimhaut und werden dort zur weiteren Verarbeitung in elektrische Impulse übersetzt (Transduktion). Wichtig für das Riechen ist dabei, dass die Luft durch die Nase strömen kann. Geht das beispielsweise aufgrund einer Schnupfennase nicht, verschlechtern sich unser Riechen und auch das Schmecken beim Essen. Wenn wir im Alltag nämlich davon sprechen,

Geruch vs. Geschmack

4

dass eine Speise nach Vanille schmeckt, dann sagen wir genaugenommen nur wenig über den Vorgang des Schmeckens aus, bei dem unsere Zunge das entscheidende Organ ist, sondern wir geben Auskunft über Aromen – die wir allerdings riechen und nicht schmecken (■ Abb. 4.1). Es gibt Schätzungen, wonach 80 % der Information über unsere Nahrung durch das Riechen vermittelt werden (Murphy et al. 1977). Unser Geruchssinn ist allerdings im Vergleich zu dem anderer Lebewesen nicht besonders leistungsstark. So verfügen wir über etwa 10 Mio. Rezeptorzellen, Hunde dagegen über 230 Mio. (Kohl et al. 2007). Dennoch können wir zwischen Zehntausenden von Gerüchen differenzieren und schon winzigste Mengen reichen für die Erregung der Riechsinneszellen aus (de Vries und Stuiver 1961). Unsere Riechfähigkeit ist am besten im Alter zwischen 20 und 40 Jahren und lässt danach deutlich nach, wobei Frauen insgesamt eine bessere Riechfähigkeit besitzen als Männer (Doty et al. 1984).

Pheromone

Man kann unseren Geruchssinn tatsächlich als Multifunktionswerkzeug für viele Situationen ansehen. Zu Beginn unseres Lebens stellt die Riechfähigkeit ein wichtiges adaptives Orientierungsinstrument dar (Schaal et al. 2004). Zudem wird angenommen, dass auch beim Menschen Pheromone Einfluss auf die Partnerwahl haben. Pheromone sind Duftstoffe, die bei Tieren ein sehr bedeutsames Mittel zur Übertragung sozialer Signale sind (Arnold und Houck 1982; Karlson und Lüscher 1959). So konnte etwa gezeigt werden, dass auch Information über die Immunkompetenz eines potenziellen Partners über Pheromone weitergegeben wird (Rantala et al. 2002). Ob Pheromone auch beim Menschen auf diese Weise wirken, ist zwar nicht unumstritten (Hays 2003; Mostafa et al. 2012; Petrulis 2013). Dennoch finden sich einige Belege dafür, dass auch im Humanbereich Pheromone oder allgemeiner Duftstoffe eine durchaus nicht unbedeutende Rolle bei der Partnerwahl spielen (Thornhill und Gangestad 1999). Auch konnte in einer Studie gezeigt werden, dass sich der weibliche Menstruationszyklus durch Achselduftstoffe anderer Frauen ändern ließ (Stern und McClintock 1998). McClintock (1971) konnte beobachten, dass sich die Menstruationszyklen von Frauen, die zusammen wohnen, angleichen – ein Befund jedoch, der später nicht mehr repliziert werden konnte (Yang und Schank 2006; s. dazu auch die Metaanalyse von Harris und Vitzthum 2013). McCoy und Pitino (2002) zeigen dagegen, dass Pheromone z. B. direkten Einfluss auf die Häufigkeit unseres Sexualverhaltens haben. Daneben spielen Duftstoffe auch bei der Nahrungssuche und -aufnahme (LeMagnen 1971; Yeomans 2006) eine Rolle, genauso wie bei dem Erkennen von Gefahren. Denken wir nur daran, dass wir z. B. Feuer auch dann bemerken können, wenn wir es zwar nicht sehen, aber dafür riechen können. Auch hat sich gezeigt, dass der Geruchssinn sehr schnell zu konditionieren ist (Bergh et al. 1999) und Geruch häufig mit emotionalen Assoziationen verbunden ist (Steinbach et al. 2008). Umso wichtiger ist es daher, über einen funktionstüchtigen Geruchssinn zu verfügen. Gerade jedoch im Alter kann es hier aufgrund der nachlassenden Regeneration der Rezeptorzellen zu Einbußen kommen, was dann häufig auch mit großen Einschränkungen der Lebensqualität verbunden ist (Steinbach et al. 2008).

Blick in die Praxis: Geruchssinn als Depressionsmarker
Depressionen sind mit hirnphysiologischen Veränderungen assoziiert und zwar in Bereichen, die auch bei unserer Geruchsfähigkeit involviert sind. Eine Forschergruppe um Ilona Croy (2014) hat nun bei als depressiv diagnostizierten Patienten herausgefunden, dass u. a. deren Geruchsdiskriminationsleistung vor Beginn der Psychotherapie schlechter war als die einer Kontrollgruppe. Nach Beendigung der Therapie fanden sich dann keine Gruppenunterschiede mehr. Auch wenn die Befunde noch keine Allgemeingültigkeit beanspruchen, so könnte sich unser Geruchssinn tatsächlich als ein guter Depressionsmarker herausstellen (s. dazu auch Kohli et al. 2016).

4.3 Schmecken

Grund- und Nebenge-
schmacksqualitäten

Schmecken ist zwar wie das Riechen ein chemischer Sinn, allerdings liefert er uns keine Informationen über entfernte Objekte, sondern nur über Stoffe, die wir einatmen oder in den Mund nehmen. Dabei werden gelöste Moleküle durch spezialisierte Rezeptoren auf unserer Zunge aufgenommen und über den Prozess der Transduktion zur weiteren Verarbeitung in elektrische Impulse umgewandelt (Smith und Boughter 2007). Aber auch in der Mundhöhle selbst finden sich Geschmacksrezeptoren (Smith und Boughter 2007). Zusammen mit dem Geruchssinn übernimmt der Geschmacksinn eine wesentliche Schutzfunktion, in dem er uns vor schädlichen, giftigen oder ungenießbaren Stoffen rechtzeitig warnt. Im Gegensatz zur differenzierten Geruchswahrnehmung beliefert uns der Geschmackssinn allerdings nur mit wenigen Geschmacksinformationen. Als Grundgeschmacksqualitäten gelten süß, salzig, bitter, sauer (Bujas et al. 1989) und der Umami-Geschmack (Chaudhari et al. 2000), ein durch Glutamat ausgelöster Geschmack. Neben diesen Grundqualitäten lassen sich noch die Nebengeschmacksqualitäten alkalisch (seifig) und metallisch nennen (Becker-Carus und Wendt 2017). Wenn wir also im Alltag davon sprechen, dass uns eine Speise schmeckt, dann ist das nur die halbe Wahrheit, denn unser „Schmecken" ist ein aromatisches Gesamterlebnis, an dem neben dem Geschmack auch der Geruch sowie auch taktile (das Spüren der Nahrung im Mund) und akustische (Kau- und Beißgeräusche) Informationen beteiligt sind. Bestimmte Geschmacksvorlieben scheinen angeboren zu sein. Etwa die Vorliebe für Süßes. Süß kündigt uns etwas besonders Nahrhaftes an. Die meisten Geschmacksvorlieben sind aber vermutlich Ergebnis assoziativer Lernvorgänge, wobei einiges bereits in frühester Kindheit gelernt und damit festgelegt wird (Beauchamp und Mennella 2009).

Blick in die Praxis: Selbsttest – Schmecken kann schwierig sein
Wie sehr auch beim Schmecken die verschiedenen Sinne interagieren, kann man ganz einfach im Selbsttest ausprobieren. Gehen Sie folgendermaßen vor. Nehmen Sie verschiedene Fruchtjoghurts und probieren Sie diese einmal mit geschlossenen Augen und zugehaltener Nase, einmal nur mit zugehaltener Nase, ein anderes Mal nur mit geschlossenen Augen, und das jeweils, ohne zu wissen, welchen Joghurt Sie gerade probieren. Sie werden sehen, dass es gar nicht so einfach ist, die Geschmacksrichtung zu bestimmen, v. a. wenn die Augen und die Nase verschlossen sind.

4.4 Fühlen

Bisher haben wir mit Sehen, Hören, Schmecken und Riechen Sinne kennengelernt, die ein spezialisiertes Sinnesorgan besitzen bzw. auf einzelne Rezeptoren zurückgreifen können. Beim Fühlen verhält sich das anders, denn wir fühlen mehr oder weniger überall auf und im Körper, die Sinneszellen sind also verteilt. Wir können dabei zwischen den sog. exterozeptiven Hautsinnen also Tast-, Temperatur- und Schmerzwahrnehmungen durch äußere Reize, der Wahrnehmung des eigenen Körpers (Tiefensensitivität oder Propriozeption genannt) und der enterozeptiven Wahrnehmung, also Informationen über Körperzustände wie etwa Temperatur oder Blutdruck unterscheiden (Becker-Carus und Wendt 2017).

Verteilte Sinneszellen

4.4.1 Exterozeption

Zunächst fällt auf, dass unsere Wahrnehmungssensitivität nicht am ganzen Körper gleich ist. Stellen höherer Empfindlichkeit sind beispielsweise unsere Lippen oder die Wangen, unsere Zehen sind dagegen relativ unempfindlich. Auch fällt es uns auf manchen Stellen leichter oder schwerer, zu entscheiden, wie weit zwei Druckpunkte auf der Haut auseinanderliegen (räumliche Unterschiedsschwelle). Auf der Zunge und den Fingerkuppen sind wir z. B. sehr empfindlich, am Unterarm schon weniger.

> **Blick in die Praxis: Selbsttest – Kinderspiel**
> Eine schöne Möglichkeit, die Oberflächensensitivität zu erforschen, ist das Spiel, bei dem eine andere Person z. B. einen dünnen Gegenstand oder auch einen Finger, angefangen von der Handwurzel bis zur Armbeuge, langsam und in Kreisbewegungen entlangfährt und Sie entscheiden müssen, wann die Armbeuge erreicht wurde. Das ist gar nicht so einfach. Probieren Sie das Ganze an anderen Stellen aus, z. B. dem Rücken oder der Hand. Merken Sie Unterschiede?

Unser Druckempfinden ist zudem stark durch Gewöhnungseffekte beeinflusst. So merken wir schon nach kurzer Zeit einen ausgeübten Druck kaum oder gar nicht mehr. Der Ring am Finger oder auch die Hand auf der Schulter sind schon nach kurzer Zeit kaum noch zu spüren.

Neben der Druckwahrnehmung nehmen wir auch die Temperatur durch unsere Haut wahr. Dafür haben wir Rezeptoren, die auf Temperaturerhöhungen (Warmrezepto-

Temperatur und Schmerzwahrnehmung

4

ren) und solche, die auf sinkende Temperaturen reagieren (Kaltrezeptoren). Insgesamt verfügen wir über eine große Temperatursensitivität. So nehmen wir schon Temperaturerhöhungen von nur 0,4 °C wahr, bei sinkenden Temperaturen reichen sogar schon 0,15 °C aus, um das zu merken (Kenshalo et al. 1961). Darüber hinaus sind wir bei moderaten Temperaturveränderungen gegenüber steigenden oder fallenden sehr anpassungsfähig (Golden und Tipton 1988), so dass wir Kälte nach kurzer Zeit nicht mehr so kalt und höhere Temperaturen als nicht mehr so warm empfinden. Wer im Winter gerne spazieren geht, wird das Phänomen aus eigenem Erleben kennen. Wenn man sich dazu durchgerungen hat, in die Kälte zu gehen, ist es v. a. am Anfang tatsächlich kalt, später durchaus aushaltbar. Innere wie äußere Reize können aber auch so stark sein, dass wir Schmerzen empfinden. Auch dafür besitzen wir spezialisierte Rezeptoren, die Nozizeptoren.

4.4.2 Tiefensensitivität

Wir fühlen aber nicht nur, wenn sich Temperaturen ändern, Druck ausgeübt wird oder wir uns an einem Gegenstand stoßen, vielmehr werden durch entsprechende Rezeptoren, die Propriozeptoren, permanent Informationen an Muskeln, Sehnen und Gelenken gesammelt, die zur räumlichen Orientierung, Bewegung oder Kraftausübung notwendig sind. Alltägliche Verhaltensweisen, wie z. B. das Halten eines Apfels beim Schälen (ohne ihn zu zerdrücken) oder das sichere Laufen auf der Straße, selbst wenn man gerade nicht nach vorne schaut, sind eigentlich Meisterleistungen unserer Tiefensensitivität, die wir für gewöhnlich nicht als solche ansehen.

> **Blick in die Praxis: Selbsttest – Tiefensensitivität**
> Die Leistungsfähigkeit dieser Tiefensensitivität kann man ganz einfach im Selbstversuch testen. Schließen Sie die Augen und versuchen Sie mit dem Zeigefinger der rechten Hand Ihre Nase zu treffen, dann den Mund und dann versuchen Sie ebenfalls mit geschlossenen Augen, die beiden Fingerspitzen beider Zeigefinger aufeinander zuzubewegen, bis sie sich treffen. Sie schaffen all das problemlos, was eigentlich erstaunlich ist, da Sie über keinerlei visuelle Informationen verfügten.

4.5 Multisensuale Wahrnehmung

Bisher haben wir die verschiedenen Sinne einzeln betrachtet. Und in der Regel erleben wir unsere Sinnesempfindungen auch getrennt: Wir hören Musik, wir schmecken ein Essen, riechen ein Parfum oder spüren den Druckschmerz auf der Haut. Tatsächlich jedoch arbeiten die Sinne zusammen und orchestrieren gewissermaßen einen ganzheitlichen Sinneseindruck von der Welt. Wenn wir einen reifen Apfel in der Hand halten, dann gesellt sich zum dem schönen Anblick auch der Duft und das Empfinden der kühlen Oberfläche. Aus dem Zusammenspiel der verschiedenen Sinne ergibt sich ein sehr viel detaillierterer und zuverlässiger Eindruck der Welt, in der wir uns zurechtfinden müssen. Und nur das Zusammenwirken etwa von Hören und Sehen ermöglicht es uns, aus einem Stimmengewirr die Stimme einer Person zu identifizieren und zu verstehen, was sie uns zuruft.

Synästhesie – Ein spannendes Phänomen multisensualer Wahrnehmung

> **Blick in die Praxis: Selbsttest**
>
> Das Zusammenwirken verschiedener Sinnesinformationen lässt sich im Eigenversuch erfahren. Versuchen Sie doch einmal Folgendes: Stellen Sie sich mit ausreichend Platz zunächst auf beide Beine und strecken dabei die Arme seitlich vom Körper weg. Heben Sie nun ein Bein an. Vermutlich werden Sie das ohne Probleme bewältigen. Jetzt stellen Sie sich wieder in die Ausgangsposition. Schließen Sie nun die Augen, strecken Sie die Arme seitlich aus und heben Sie das Bein an. Und? Haben Sie einen Unterschied gemerkt? Den meisten wird es bei der zweiten Übung schwerer fallen, das Gleichgewicht zu halten. Der Grund ist einfach: Uns fehlt die visuelle Information, die wir auch dazu verwenden, uns im Raum zu orientieren. Das Erstaunliche daran ist, dass diese verschiedenen Sinneseindrücke, obwohl sie in unterschiedlichen Sinnesorganen ihren Anfang nehmen und auf unterschiedliche Art und Weise weiterverarbeitet werden, sich letzten Endes zu einem einzigen Sinneseindruck zusammenfügen (vgl. Bindungsproblem ▶ Abschn. 3.3.4).

Ein bekanntes Beispiel aus der psychologischen Forschung zur Illustration des sinnlichen Zusammenspiels ist der McGurk-Effekt (McGurk und Macdonald 1976). Er beschreibt das Phänomen, dass sich der Klang eines Sprachlauts ändert, je nachdem, welche Lippenbewegungen man dazu sieht. Ein gesprochenes „Ba-ba" wird dann etwa als „Da-da" wahrgenommen, wenn die Lippenbewegungen zu einem „Ga-ga" passen. Das bedeutet, auditive Information und visuelle Infor-

McGurk-Effekt

mation werden passend gemacht, ein Umstand übrigens, der auch der Synchronisation von Filmen zugutekommt. Obwohl die Schauspieler eine andere Sprache sprechen, wirkt die Übersetzung in den überwiegenden Fällen überzeugend, und es sieht so aus, als würden die Schauspieler tatsächlich die eigene Sprache sprechen.

Blick in die Praxis: Hörtraining im Alter durch Lippenlesen

Mit zunehmendem Alter lassen unsere Fähigkeiten in allen Sinnesmodalitäten nach. Besonders auffällig sind die nachlassende Seh- und Hörkraft. Abhilfe schaffen hier entsprechend Brillen bzw. Hörgeräte. Aber das ist nur eine Möglichkeit. Gerade bei nachlassender Hörfähigkeit kann das „Lippenlesen" besonders hilfreich sein. Ältere Menschen verstehen häufig mehr, wenn man sich mit ihnen allein und von Angesicht zu Angesicht unterhält. Wichtig für besseres Hörverstehen ist dabei, dass wir erkennen können, was wir vermutlich hören (s. dazu auch Blank und von Kriegstein 2013). In Trainings wird versucht, genau diese Fähigkeit zum Lippenlesen aktiv zum besseren Hörverständnis einzuüben.

? Prüfungsfragen

1. Welches sind die Fern-, welches die Nahsinne?
2. Erläutern Sie den Vorgang des Hörens/Riechens/Schmeckens genauer. Was passiert bei diesen Sinnesempfindungen genau?
3. Erläutern Sie, was wir unter Exterozeption, Enterozeption und Propriozeption verstehen können.
4. Warum ist es nicht korrekt, zu behaupten, dass ein Apfel nach Apfel schmeckt?
5. Welche Funktion besitzt das Hören neben der interpersonalen Kommunikation?
6. Welche Funktionen haben unser Geruchs- und unser Geschmackssinn?
7. Warum ist es schwieriger, den Geschmack einer Speise zu ermitteln, wenn wir sie nicht riechen oder sehen können?
8. Was versteht man unter Transduktion?
9. Erläutern Sie den McGurk-Effekt genauer. Welche praktischen Konsequenzen ergeben sich daraus?
10. Was kann man tun, um älteren Menschen die Kompensation des nachlassenden Hörsinns zu ermöglichen?

Zusammenfassung

- Hören, Sehen und Riechen sind Fernsinne.
- Die Frequenz bestimmt die Tonhöhe.
- Die Amplitude bestimmt die Lautstärke.
- Das Hören ist für die interpersonale Kommunikation und die Lokalisation der Schallquelle wichtig.
- Mit Transduktion wird der Umwandlungsprozess von thermischer, mechanischer, chemischer etc. Information in elektrische Impulse bezeichnet.
- Unser Geruchs- und unser Geschmackssinn übernehmen eine „Torwächterfunktion" und schützen uns vor ungenießbaren oder giftigen Stoffen.
- Pheromone sind Duftstoffe zur interpersonalen Kommunikation.
- Die Grundgeschmacksqualitäten sind süß, salzig, bitter, sauer und umami.
- Beim Schmecken arbeiten Geruchs- und Geschmackssinn zusammen.
- Geschmacksvorlieben sind häufig das Ergebnis von assoziativen Lernvorgängen.
- Rezeptorzellen zum Fühlen befinden sich auf und im Körper verteilt.
- Exterozeption meint das Fühlen externer Einwirkungen.
- Enterozeption meint das Fühlen innerer Einwirkungen.
- Tiefensensitivität meint die Wahrnehmung von Körperbewegung und Körperlage im Raum.
- Am McGurk-Effekt kann man das Zusammenwirken von Hören und Sehen beobachten.

Schlüsselbegriffe

Amplitude, binaurales Hören, Enterozeption, Exterozeption, Frequenz, gustatorischer Sinn, McGurk-Effekt, monaurales Hören, olfaktorischer Sinn, Pheromone, Propriozeption, Rezeptorzellen, Schmerzwahrnehmung, Tiefensensitivität, Transduktion.

Literatur

Arnold, S. J., & Houck, L. D. (1982). Courtship pheromones: Evolution by natural and sexual selection. In M. Nitecki (Hrsg.), *Biochemical aspect of evolutionary biology* (S. 173–211). Chicago: University Press.

Beauchamp, G. K., & Mennella, J. A. (2009). Early flavor learning and its impact on later feeding behavior. *Journal of Pediatric Gastroenterology and Nutrition, 48*, S25.

4

Becker-Carus, C., & Wendt, M. (2017). *Allgemeine Psychologie: Eine Einführung* (2. Aufl.). Heidelberg: Springer.

Bendixen, A., & Schröger, E. (2017). Auditive Informationsverarbeitung. In J. Müsseler & M. Rieger (Hrsg.), *Allgemeine Psychologie* (S. 51–74). Heidelberg: Springer.

Bergh, O. V. den, Stegen, K., Diest, I. V., Raes, C., Stulens, P., Eelen, P., Veulemans, H., Van de Woestijne, K. P. Nemery, B. (1999). Acquisition and extinction of somatic symptoms in response to odours: A pavlovian paradigm relevant to multiple chemical sensitivity. *Occupational and Environmental Medicine, 56*(5), 295–301.

Blank, H., & von Kriegstein, K. (2013). Mechanisms of enhancing visual-speech recognition by prior auditory information. *NeuroImage, 65*, 109–118.

Bujas, Z., Szabo, S., Ajduković, D., & Mayer, D. (1989). Individual gustatory reaction times to various groups of chemicals that provoke basic taste qualities. *Perception & Psychophysics, 45*(5), 385–390.

Chaudhari, N., Landin, A. M., & Roper, S. D. (2000). A metabotropic glutamate receptor variant functions as a taste receptor. *Nature Neuroscience, 3*(2), 113–119.

Croy, I., Symmank, A., Schellong, J., Hummel, C., Gerber, J., Joraschky, P., & Hummel, T. (2014). Olfaction as a marker for depression in humans. *Journal of Affective Disorders, 160*, 80–86.

De Vries, H., & Minze, S. (1961). The absolute sensitivity of the human sense of smell. In W. A. Rosenblith (Hrsg.), *Sensory communication*. Cambridge: The MIT Press.

Doty, R. L., Shaman, P., Applebaum, S. L., Giberson, R., Siksorski, L., & Rosenberg, L. (1984). Smell identification ability: Changes with age. *Science, 226*(4681), 1441–1443.

Golden, F. S., & Tipton, M. J. (1988). Human adaptation to repeated cold immersions. *The Journal of Physiology, 396*(1), 349–363.

Harris, A. L., & Vitzthum, V. J. (2013). Darwin's legacy: An evolutionary view of women's reproductive and sexual functioning. *The Journal of Sex Research, 50*(3–4), 207–246.

Hays, W. S. T. (2003). Human pheromones: Have they been demonstrated? *Behavioral Ecology and Sociobiology, 54*(2), 89–97.

Henning, H. (1917). Die Komponentengliederung des Geruchs und seine chemische Grundlage. *Naturwissenschaften, 5*(18), 296–298.

Hesse, G., & Laubert, A. (2005). Hörminderung im Alter – Ausprägung und Lokalisation. *Deutsches Ärzteblatt, 102*(42), A2864–A2869.

Karlson, P., & Lüscher, M. (1959). ‚Pheromones': A new term for a class of biologically active substances. *Nature, 189*(4653), 55–56.

Kenshalo, D. R., Nafe, J. P., & Brooks, B. (1961). Variations in thermal sensitivity. *Science, 134*(3472), 104–105.

Kish, D. (2009). Human echolocation: How to „see" like a bat. *New Scientist, 202*(2703), 31–33.

Kohl, J. V., Atzmueller, M., Fink, B., & Grammer, K. (2007). Human pheromones: Integrating neuroendocrinology and ethology. *Activitas Nervosa Superior, 49*(3–4), 123–135.

Kohli, P., Soler, Z. M., Nguyen, S. A., Muus, J. S., & Schlosser, R. J. (2016). The association between olfaction and depression: A systematic review. *Chemical Senses, 41*(6), 479–486.

LeMagnen, J. (1971). Olfaction and nutrition. In J. E. Amoore, M. G. J. Beets, J. T. Davies, T. Engen, J. Garcia, R. C. Gesteland, & L. M. Beidler (Hrsg.), *Olfaction* (S. 465–482). Berlin/Heidelberg: Springer.

McClintock, M. K. (1971). Menstrual Synchrony and Suppression. *Nature, 229*(5282), 244.

McCoy, N. L., & Pitino, L. (2002). Pheromonal influences on sociosexual behavior in young women. *Physiology & Behavior, 75*(3), 367–375.

McGurk, H., & Macdonald, J. (1976). Hearing lips and seeing voices. *Nature, 264*(5588), 746–748.

Mostafa, T., Khouly, G. E., & Hassan, A. (2012). Pheromones in sex and reproduction: Do they have a role in humans? *Journal of Advanced Research, 3*(1), 1–9.

Murphy, C., Cain, W. S., & Bartoshuk, L. M. (1977). Mutual action of taste and olfaction. *Sensory Processes, 1*(3), 204–211.

Petrulis, A. (2013). Chemosignals, hormones and mammalian reproduction. *Hormones and Behavior, 63*(5), 723–741.

Rantala, M. J., Jokinen, I., Kortet, R., Vainikka, A., & Suhonen, J. (2002). Do pheromones reveal male immunocompetence? *Proceedings of the Royal Society of London. Series B: Biological Sciences, 269*(1501), 1681–1685.

Schaal, B., Hummel, T., & Soussignan, R. (2004). Olfaction in the fetal and premature infant: functional status and clinical implications. *Clinics in Perinatology, 31*(2), 261–285, vi-vii.

Schenkman, B. N., & Nilsson, M. E. (2010). Human echolocation: Blind and sighted persons' ability to detect sounds recorded in the presence of a reflecting object. *Perception, 39*, 483–501.

Smith, D. V., & Boughter, J. D. (2007). Neurochemistry of the gustatory system. In A. Lajtha & D. A. Johnson (Hrsg.), *Handbook of neurochemistry and molecular neurobiology: Sensory neurochemistry* (S. 109–135). Boston: Springer US.

Steinbach, S., Hundt, W., & Zahnert, T. (2008). Der Riechsinn im alltäglichen Leben. *ZFA – Zeitschrift für Allgemeinmedizin, 84*(8), 348–362.

Stern, K., & McClintock, M. K. (1998). Regulation of ovulation by human pheromones. *Nature, 392*(6672), 177–179.

Stroffregen, T. A., & Pittenger, J. B. (1995). Human echolocation as a basic form of perception and action. *Ecological Psychology, 7*(3), 181–216.

Thornhill, R., & Gangestad, S. W. (1999). The scent of symmetry: A human sex pheromone that signals fitness? *Evolution and Human Behavior, 20*(3), 175–201.

Yang, Z., & Schank, J. C. (2006). Women do not synchronize their menstrual cycles. *Human Nature, 17*(4), 433–447.

Yeomans, M. R. (2006). Olfactory influences on appetite and satiety in humans. *Physiology & Behavior, 89*(1), 10–14.

Aufmerksamkeit

Inhaltsverzeichnis

© Springer-Verlag GmbH Deutschland, ein Teil von Springer Nature 2020
P. M. Bak, *Wahrnehmung, Gedächtnis, Sprache, Denken*, Angewandte Psychologie Kompakt,
https://doi.org/10.1007/978-3-662-61775-5_5

5

Lernziele

─ Die Notwendigkeit selektiver Aufmerksamkeit verstehen und
erklären können
─ Verschiedene Aufmerksamkeitstheorien kennen und bewerten
können
─ Zwischen automatischen und kontrollierten Aufmerksamkeitsprozessen unterscheiden können
─ Die Bedeutung von Aufmerksamkeitsprozessen für die Praxis
kennen und beispielhaft begründen können
─ Erklären können, was wir unter Bewusstsein verstehen

Einführung

In ▶ Kap. 4 haben wir uns mit der Frage beschäftigt, wie wir mit
unseren Sinnesorganen überhaupt zu Daten aus der Welt kommen. Für den Prozess der Wahrnehmung oder allgemeiner der
Informationsverarbeitung markiert das aber erst die erste Stufe in
einer ganzen Abfolge von Verarbeitungsprozessen. Wie wir in
▶ Abschn. 2.1 beschrieben haben, spielen bei der Wahrnehmung
nicht nur die reinen Daten (*Bottom-up*-Prozesse) eine Rolle, sondern auch die Verbindung dieser Daten mit bereits vorhandenen
Wissensstrukturen. Dabei spielt unsere Aufmerksamkeit eine
große Rolle, denn nicht alles, was uns über unsere Sinne an Signalen erreicht, wird schließlich auch bis „zum Ende" analysiert und
weiterverarbeitet. Im Gegenteil, wir verarbeiten nur bestimmte
Signale weiter, mit anderen Worten: Unsere Aufmerksamkeit
steuert, welche Signale weiterverarbeitet werden. Was wir uns genau unter dieser Aufmerksamkeit vorstellen können, wie die Selektion von Signalen geschieht, welche Prozesse der Informationsverarbeitung mehr oder weniger Aufmerksamkeit benötigen
und welche Funktionen unsere Aufmerksamkeit erfüllt, das
schauen wir uns im Folgenden genauer an.

5.1 Selektive Aufmerksamkeit

Begrenzte Aufmerksamkeit

Unsere Wahrnehmung, das was wir von der Welt in einem Moment erkennen, ist begrenzt. Wenn ich aus dem Fenster meines
Arbeitszimmers schaue, dann erkenne ich die Häuser auf der
gegenüberliegenden Straßenseite, den Briefträger, der gerade
beim Nachbarn die Post einwirft, und das neue Auto eines anderen Nachbarn. Die neu eingepflanzten Blumen in dem Beet
vor dem gegenüberliegenden Haus, den Ball, den vermutlich
ein Kind hat liegen lassen, die Bierdose und vieles andere
nehme ich gerade nicht wahr. In gewisser Weise existieren diese
Dinge gerade nicht in meiner Wirklichkeit; vielleicht könnte
ich daher auch später keine Auskunft darüber geben, es sei

denn, ich würde irgendwie aufmerksam auf sie und sie bemerken. Aber selbst, wenn ich alles, was sich draußen abspielt, aufmerksam beachten wollte, würde mir das kaum gelingen. Unsere Aufmerksamkeit ist eine begrenzte Ressource, die selektiv verteilt wird und die darüber entscheidet, was uns bewusst wird. Es gibt jedoch Unterschiede, wie wir diese Aufmerksamkeit verteilen und wie bzw. wodurch unsere Aufmerksamkeit gelenkt wird.

5.1.1 Die Spotlight-Metapher

Häufig findet man die Spotlight-Metapher zur Beschreibung der Aufmerksamkeitsverteilung (z. B. Posner et al. 1980; Cave und Bichot 1999; Baars 1998). Dahinter verbirgt sich die Vorstellung, dass unsere Aufmerksamkeit wie ein Scheinwerfer funktioniert, mit dem wir einen ansonsten im Verborgenen liegenden Raum ausleuchten können. Dort, wohin wir den Scheinwerfer ausrichten, findet dann bewusstes Erleben statt – der nicht ausgeleuchtete Bereich bleibt außen vor. Mehr noch, wie bei einer Taschenlampe können wir den Scheinwerfer entweder auf einen Punkt fokussieren, der dann hell erleuchtet ist, oder wir verteilen das Licht auf eine größere Fläche, übersehen dann aber vielleicht bestimmte Details. Diese Vorstellung, die vielleicht eher einer Zoomlinse entspricht (Eriksen und St. James 1986), deckt sich auch gut mit unserem Alltagsempfinden (◙ Abb. 5.1).

Aufmerksamkeit als Zoomlinse

Manchmal sind wir sehr fokussiert auf eine Sache und sind regelrecht blind für andere Geschehnisse, sogar wenn sie sich vor unseren Augen abspielen. Dieses Phänomen ist auch unter dem Namen Unaufmerksamkeitsblindheit („inattentional blindness"; Mack und Rock 1998) bekannt und kann gut durch Studien von Simons und Chabris (1999) demonstriert werden.

Unaufmerksamkeitsblindheit

Falls Sie diese Studien noch nicht kennen, so machen Sie jetzt am besten kurz einen Selbstversuch und schauen Sie sich das Video von Simon und Chabris an, bevor Sie weiterlesen: ▶ https://youtu.be/vJG698U2Mvo.

Die Versuchspersonen sahen kurze Videofilme, in denen beispielsweise zwei Teams Basketball spielen. Die Teams haben unterschiedliche Trikots: Das eine trägt weiße, das andere schwarze T-Shirts. Aufgabe der Versuchspersonen war es, sich auf die Ballkontakte des weißen Teams zu konzentrieren und diese zu zählen. Ungefähr in der Mitte des Films läuft eine Person durch die Szene, die als schwarzer Gorilla verkleidet ist. Sie bleibt kurz in der Mitte stehen, schlägt sich mit beiden Händen auf die Brust und geht dann aus dem Bildausschnitt

Unaufmerksamkeitsblindheit beim Hören

5

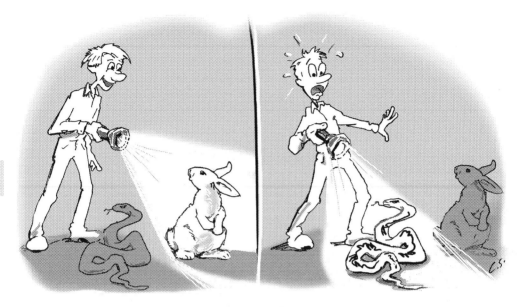

◘ Abb. 5.1   Der Aufmerksamkeitsscheinwerfer bestimmt, was wir von der Welt sehen. (© Claudia Styrsky)

heraus. Nach Ende des Films geben die Versuchspersonen an, wie viele Ballkontakte sie gezählt haben und ob ihnen etwas im Film aufgefallen ist. Kaum zu glauben, aber der Gorilla wird von weniger als der Hälfte der Teilnehmer bewusst wahrgenommen. Ihre Aufmerksamkeit war durch die Aufgabenbearbeitung, nämlich das Zählen der Ballkontakte der weißen Gruppe, völlig absorbiert. Wir kennen solche Phänomene auch aus dem Alltag, wenn wir beispielsweise den Rasenmäher draußen oder das Ticken der Uhr gar nicht hören, weil wir so in die Arbeit vertieft sind.

Viele Modelle von Aufmerksamkeit

Die Aufmerksamkeitsforschung hat mittlerweile eine Fülle an Modellen und Vorstellungen entwickelt, die sich nicht allesamt mit dieser Scheinwerfer-Metapher in Einklang bringen lassen. So zeigen etwa McMains und Somers (2004), dass es womöglich mehrere Scheinwerfer gibt, wir also zwischen den mit Aufmerksamkeit belegten Räumen „Unterbrechungen" haben können. Generell existieren heute viele unterschiedliche Vorstellungen von Aufmerksamkeit mehr oder weniger parallel, was auch daran liegen mag, dass es womöglich unterschiedliche Aufmerksamkeitssysteme gibt (Cave und Bichot 1999; s. auch Maddox et al. 2002). Auch müssen wir neben den raumbasierten auch objektbasierte und merkmalsbasierte Aufmerksamkeitseffekte unterscheiden (Duncan 1984), die ebenfalls mit der Vorstellung eines Aufmerksamkeitsscheinwerfers nur bedingt kompatibel sind.

> **Blick in die Praxis: Besser Leben mit Tinnitus dank Aufmerksamkeitsrefokussierung?**
>
> Unter (subjektivem) Tinnitus versteht man den Umstand, dass wir etwas hören, ohne dass dafür eine Schallquelle verantwortlich gemacht werden kann. Das kann ein Fiepen sein, aber auch ein Brummen oder andere Geräusche, die ab einem gewissen Grad als extrem störend empfunden werden und dadurch unsere Aufmerksamkeit binden (Roberts et al. 2013) und unsere kognitive Leistungsfähigkeit vermindern (Rossiter et al. 2006). Wenn solch ein Tinnitus chronisch wird (ausführlicher dazu s. Kreuzer et al. 2013), kann das die Lebensqualität massiv beeinträchtigen. Was aber passiert, wenn es uns gelingt, unsere Aufmerksamkeit weg von den störenden Geräuschen auf etwas anderes zu fokussieren? Searchfield et al. (2007) zeigen z. B., dass sich dadurch tatsächlich der Tinnitus reduzieren lässt. Und in der Tat hat sich die Methode der Aufmerksamkeitsrefokussierung, z. B. durch andere unsere Aufmerksamkeit beanspruchende Aufgaben, als ein Bestandteil der kognitiven Verhaltenstherapie bei Tinnituspatienten als erfolgreich erwiesen (vgl. z. B. Zenner et al. 2013; Roberts et al. 2013). Es braucht nicht viel Fantasie, um sich auch andere Einsatzmöglichkeiten der Aufmerksamkeitsverschiebung zu denken. Haben Sie auch schon eine Idee?

5.1.2 Aufmerksamkeitssteuerung

In vielen Fällen richten wir unsere Aufmerksamkeit willentlich (endogen) auf Reize und Geschehnisse, die uns gerade interessieren oder relevant erscheinen. In anderen Fällen dagegen wird unsere Aufmerksamkeit durch äußere Reize (exogen) automatisch angezogen (Posner 1980). Eine endogene Aufmerksamkeitssteuerung liegt etwa dann vor, wenn wir etwas suchen oder wenn uns klar ist, worauf wir bei einer Tätigkeit aufpassen müssen. Beim Lesen etwa fokussieren wir unsere Aufmerksamkeit auf die Inhalte des Buches, beim Tennis auf den Gegner und beim Klavierspielen auf die Noten und unsere Hände und zwar solange, wie wir es für nötig halten oder Lust dazu haben. Anschließend wenden wir uns einer anderen Sache zu. Wie aber bereits das Tinnitus-Beispiel zeigt, haben wir nicht immer die Kontrolle darüber, wohin wir unsere Aufmerksamkeit richten. Unsere Aufmerksamkeit kann auch durch äußere Reize automatisch angezogen werden. Manche Reize sind besonders *salient*, stechen wie eine Figur vor dem Hintergrund heraus. Das kann ein lauter Knall sein, eine plötzliche Veränderung in unserer Umgebung, die Unterbrechung eines Ge-

Endogene und exogene Aufmerksamkeitssteuerung

schehens oder andere Auffälligkeiten eben. Auch Motive, Emotionen oder Handlungsbereitschaften können hierbei eine Rolle spielen. Reize können sogar in so großem Umfang unsere Aufmerksamkeit auf sich ziehen, dass es uns kaum möglich ist, uns dem zu widersetzen, geschweige denn uns auf etwas anderes zu konzentrieren. Dies ist z. B. der Fall, wenn wir durch zu viele Außengeräusche am konzentrierten Arbeiten gestört werden.

5

> **Blick in die Praxis: Aufmerksamkeitsteuerung in der Werbung**
>
> Eines der bekanntesten Werberezepte ist die sog. AIDA-Formel, die auf St. Elmo Lewis (1898; zit. nach Barry 1987) zurückgeht. AIDA ist das Akronym für Attention, Interest, Desire und Action und steht dabei für ein hierarchisches Werbewirkungsmodell. Danach geht es in der Werbung zunächst darum, die Aufmerksamkeit der (potenziellen) Kunden zu gewinnen und so folgend Interesse an dem Produkt und dann Verlangen danach zu wecken, mit dem Ziel, die Kaufhandlung auszulösen. Aufmerksamkeit ist damit die notwendige Voraussetzung für den Werbeerfolg. Auch wenn Werbung auf ganz unterschiedliche Weisen wirken kann und die Aufmerksamkeit dabei nicht immer der ausschlaggebende Parameter ist, so kann die AIDA-Formel auch heute noch als ein in der Praxis gängiges Werberezept angesehen werden. Deswegen werden auch einige Anstrengungen unternommen, um unsere Aufmerksamkeit auf das Produkt zu lenken. Attraktive Menschen, Erotik, Farben, Musik oder auch ungewöhnliche Wörter oder Texte werden eingesetzt, um die Werbung im wahrsten Sinne unwiderstehlich zu machen, indem sie unsere Aufmerksamkeit auf sich zieht, und zwar selbst dann, wenn wir am Produkt womöglich zunächst gar kein Interesse hatten (s. dazu auch Bak 2019).

5.2 Automatische und kontrollierte Prozesse

Stroop-Effekt

Erinnern Sie sich noch an Ihre ersten Fahrversuche mit dem Auto? Das war alles andere als leicht. Kaum auszudenken, dass wir während des Autofahrens auch noch mit dem Beifahrer diskutiert oder im Radio einen anderen Sender gesucht hätten. Unsere Aufmerksamkeit lag ganz bei der Bedienung des Fahrzeugs. Heute dagegen fahren wir mehr oder weniger ohne Aufmerksamkeit Auto. Im Gegenteil, wir verlieren uns in Gedanken, sprechen mit dem Beifahrer oder telefonieren (◘ Abb. 5.2). Das Beispiel zeigt, dass Tätigkeiten, die unsere Aufmerksamkeit zunächst voll und ganz in Anspruch genom-

◘ **Abb. 5.2** Gut geübte Tätigkeiten brauchen nicht viel Aufmerksamkeit. (© Claudia Styrsky)

men haben, durch Übung automatisch ausgeführt werden können. Sie laufen dann unbewusst ab, lassen sich nicht durch andere, gleichzeitig ablaufende Tätigkeiten stören und verbrauchen auch keine Aufmerksamkeitsressourcen, die somit anderen Operationen zur Verfügung stehen (Posner und Snyder 1975). Ein Beispiel für automatisch ablaufende Prozesse ist der Stroop-Effekt (Stroop 1935). Typischerweise werden den Probanden hier visuell Farbworte in unterschiedlichen Farben dargeboten. Es gibt kongruente Durchgänge (z. B. das Wort „grün" in grüner Farbe, „rot" in rot) und inkongruente Durchgänge (z. B. das Wort „rot" in grüner Farbe, „grün" in rot). Die Aufgabe besteht darin, die Wortbedeutung zu ignorieren und die Farbe, in der die Worte geschrieben sind, so schnell und korrekt wie möglich zu benennen. Dabei zeigt sich, dass die Reaktionszeiten in den inkongruenten Durchgängen langsamer sind, da hier Interferenz zwischen der Reaktion, die durch die Wortbedeutung einerseits, und der, die die Wortfarbe nahelegt andererseits, gelöst werden muss. Interferenz kann man sich hier als Wettbewerb vorstellen, der durch die zwei gegenläufigen Reaktionstendenzen ausgelöst wurde. Das Verstehen der Wortbedeutung ist nämlich ein automatischer Vorgang (LaBerge und Samuels 1974), kann daher nicht ignoriert werden und stört deshalb die eigentliche Reaktion.

Ganz allgemein lassen sich also automatische von kontrollierten Prozessen unterscheiden (Schneider und Shiffrin 1977; Shiffrin und Schneider 1977). Kontrollierte Prozesse besitzen eine begrenzte Kapazität, benötigen Aufmerksamkeit und lassen sich flexibel an die gegebenen Anforderungen anpassen. Automatische Prozesse haben dagegen keine Kapazitätsgrenzen, benötigen keine Aufmerksamkeitszuwendung und lassen sich auch nur schwer modifizieren.

5

Aufmerksamkeit und
Handlungssteuerung

5.3 Aufmerksamkeit und Handlungssteuerung

Die Unterscheidung zwischen automatischen und kontrollierten Prozessen ist also gerade auch für Fragen der Handlungssteuerung (und das Erlernen neuer Handlungsabläufe) von großer Bedeutung. Norman und Shallice (1986) beschreiben in ihrem Modell beispielsweise zunächst eine automatische Handlungssteuerung („contention scheduling"), bei der relevante und gelernte Handlungsschemata durch entsprechende Umweltreize ausgelöst, konfligierende Schemata dagegen gehemmt (inhibiert) werden. Handlungsschemata sind dabei hierarchisch organisiert, d. h., hierarchisch höhere Schemata aktivieren darunter liegende Schemata. Danach aktiviert z. B. das Schema „Tennisaufschlag ausführen" die Schemata für „Ball hochwerfen", „mit dem Schläger ausholen und schlagen", „leicht in die Knie gehen" etc. Jedes dieser hierarchisch untergeordneten Schemata löst dann wiederum untergeordnete Schemata aus. Solchen automatisch ablaufenden Prozessen steht die kontrollierte Handlungssteuerung gegenüber, die durch ein übergeordnetes Aufmerksamkeitssystem („supervisory attentional system", SAS) gesteuert wird. Dieses System ist immer dann erforderlich, wenn es darum geht, Handlungen zu planen, Fehler zu suchen, neue und noch nicht ausreichend geübte oder auch gefährliche Handlungen auszuführen, und wenn es z. B. darum geht, Gewohnheiten zu unterbrechen. Das SAS übernimmt jedoch nicht den gesamten Regulationsprozess von A bis Z, sondern aktiviert stattdessen einzelne (übergeordnete) Handlungsschemata, die dann wiederum automatisch ablaufen.

Blick in die Praxis: An Straßenkreuzungen mit Ampeln heißt es aufgepasst!
Vielleicht ist Ihnen das auch schon mal passiert. Sie stehen als Fußgänger an einer Straßenkreuzung mit vielen Ampeln und warten, dass die Ampel endlich grün wird. Und um ein Haar wäre es dann fast passiert. Während Sie sich umschauen und

Ihren Blick umherschweifen lassen, sehen Sie auch, was die anderen Ampeln anzeigen. Gedankenverloren wollen Sie beim Grünsignal bereits die Straße überqueren, als Ihnen zum Glück gerade noch auffällt, dass es nicht Ihre Ampel war, die auf „grün" gesprungen ist, sondern die Ampel, die den Autoverkehr regelt. Was ist passiert? Wir sind geübte Verkehrsteilnehmer und reagieren ganz automatisch auf verschiedenste Signale ohne großes Nachdenken. Zum Glück, denn anders würden wir uns kaum so zuverlässig in solch komplexen Situationen wie dem Straßenverkehr fortbewegen können. Das hätte auch anders enden können, hätten wir nicht unsere Aufmerksamkeit, genauer unser Supervisory Attentional System, das den automatisch initiierten Laufvorgang gerade noch rechtzeitig gestoppt hat.

Neumann (1984) wiederum schlägt vor, die Frage nach der Automatizität bzw. Kontrolle bei der Handlungssteuerung davon abhängig zu sehen, ob die für die Ausführung einer Handlung notwendigen Parameter vorliegen oder nicht. Einige dieser Parameter liegen als Fertigkeiten (im Langzeitgedächtnis) vor, andere werden durch die vorhandenen Stimuli vorgegeben. Gegebenenfalls müssen jedoch weitere Parameter hinzugezogen werden. Und dazu bedarf es Aufmerksamkeit. Unter Umständen sogar dann, wenn die Handlung im Normalfall ohne Aufmerksamkeit auskommt. So steuern wir als geübte Fahrer das Auto solange mühe- und aufmerksamkeitslos, solange keine außergewöhnlichen Ereignisse eintreten, die ein aufmerksames Eingreifen nötig machen. Unsere Aufmerksamkeit, so könnte man diese Vorstellungen zusammenfassen, übernimmt allgemein gesprochen zentrale Kontrollfunktionen. In dieser Funktion wird sie uns auch noch später in Baddeleys (1986) Modell des Arbeitsgedächtnisses als „zentrale Exekutive" begegnen.

Blick in die Praxis: Bessere Leistung durch weniger Aufmerksamkeitskontrolle?

Gerade bei gut geübten Tätigkeiten, die mehr oder weniger automatisch, d. h., ohne Aufmerksamkeit auskommen, kann es mitunter sogar stören, wenn wir versuchen, sie aufmerksam durchzuführen. Beim Tennisspielen reicht es manchmal schon aus, sich darüber Gedanken zu machen, wie man den Schläger eigentlich gerade hält, um den Ball anschließend mit Sicherheit zu verschlagen. Auch beim Autofahren kann ein zu viel an bewusster Aufmerksamkeit sogar gefährlich werden, weil wir dadurch den „Autopiloten" ausschalten. Das mag in Aus-

5

nahmefällen, wenn etwas Unerwartetes passiert, sinnvoll sein, im Regelfall jedoch stoßen wir mit unserer Aufmerksamkeit schnell an Grenzen, Sie reicht einfach nicht aus, um in der angemessenen Geschwindigkeit die anstehenden und komplexen Arbeitsabläufe fehlerfrei auszuführen.

5.4 Der Selektionsprozess

Wir haben es bereits mehrfach festgestellt, unsere Aufmerksamkeit ist begrenzt und erfordert eine selektive Reizverarbeitung. Zunächst einmal haben wir die Vorstellung, dass die Verarbeitung eingehender Informationen Zeit benötigt. Je mehr Zeit vergeht, umso genauer und intensiver können wir die empfangenen Daten erfassen. Am Anfang der Informationsverarbeitung erkennen wir vielleicht die Farbe, die Form eines Objekts, später dann die Bedeutung und noch später sind wir in der Lage, die eingehenden Informationen auch mit anderen Wissensvorräten zu verknüpfen. Eine spannende und heftig diskutierte Frage dabei ist, wie man sich nun den Selektionsprozess der Aufmerksamkeit vorstellen soll und v. a., an welcher Stelle des Informationsverarbeitungsprozesses die eigentliche Selektion stattfindet. Früh, also z. B. anhand von oberflächlichen Merkmalen und noch bevor die gesamte Bedeutung des Reizes erfasst wurde, oder doch eher später, wenn die Informationsverarbeitung schon weit vorangeschritten ist? Diese Frage wurde in den letzten Jahrzehnten mit ganz unterschiedlichen Modellen beantwortet.

5.4.1 Die Filtertheorie der Aufmerksamkeit

Dichotisches Hören

Stellen Sie sich vor, Sie bekämen einen Kopfhörer aufgesetzt, mit der Aufforderung, das wiederzugeben, was auf dem rechten Ohr zu hören ist, und alles zu ignorieren, was auf dem linken Ohr zu hören ist. Genau solch ein Experiment zum dichotischen Hören hat Broadbent (1954) durchgeführt. Seine Versuchspersonen hörten simultan auf beiden Ohren Ziffernpaare, also z. B. 2–7, 6–9, 1–5. Dabei zeigte sich, dass es den Teilnehmern gut gelang, sich auf ein Ohr zu fokussieren, also etwa die Zahlen 2, 6 und 1 wiederzugeben. Broadbent schloss daraus, dass uns die Selektion aufgrund einer Kanaltrennung (links, rechts) gelingt, d. h., die Selektion zu einem sehr frühen Zeitpunkt der Informationsverarbeitung, noch bevor die Signale semantisch verarbeitet wurden, und allein anhand von

Oberflächenmerkmalen stattfindet. Auch Cherry (1953) konnte bei ähnlichen Studien zeigen, dass es kaum möglich ist, den Inhalt des nichtbeachteten Kanals wiederzugeben, allerdings waren seine Probanden durchaus in der Lage im unbeachteten Kanal einen Stimmwechsel, etwa von männlich zu weiblich, zu erkennen. Auf der Grundlage dieser Studien entwickelte Broadbent (1958) sein Filtermodell der Aufmerksamkeit (vgl. ◘ Abb. 5.3). Danach werden ankommende Reize zunächst parallel anhand von Oberflächenmerkmalen (sensorisch) verarbeitet. Anschließend wird ein Reiz aufgrund seiner physikalischen Beschaffenheit (z. B. weil er „rechts" gehört wird) für die weitere Verarbeitung ausgewählt und höheren kognitiven Prozessen der Inhaltsanalyse zugeführt. Der Selektionsprozess ist notwendig, da diese weiterführenden Analysen kapazitätsbegrenzt sind, wir also nicht alle eingehenden Signale gleichermaßen eingehend verarbeiten können.

5.4.2 Die Attenuationstheorie der Aufmerksamkeit

Cocktailparty-Effekt

Nach Broadbent erfolgt die Auswahl also zu einem sehr frühen Zeitpunkt der Informationsverarbeitung. Eine einfache Alltagsbeobachtung reicht jedoch aus, um an dieser Annahme zu zweifeln. Während wir auf einem Fest mit vielen Menschen gerade einem Gespräch in einer netten Runde folgen, hören wir sehr gut, wenn wir beispielsweise aus der Entfernung beim Namen gerufen werden, selbst wenn es ansonsten laut zugeht und wir eigentlich vor lauter Stimmen, Glasgeklimpere und anderen Hintergrundgeräuschen sonst kaum ein sinnvolles Wort identifizieren können. Dieses Phänomen ist auch als Cocktailparty-Effekt bekannt (Moray 1959). Moray führte

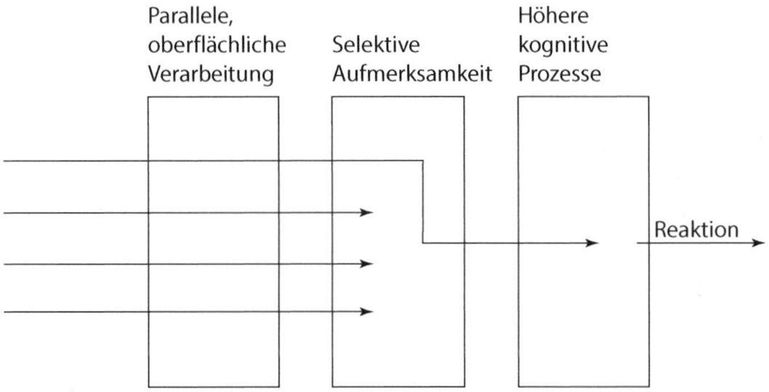

◘ **Abb. 5.3** Filtermodell der Aufmerksamkeit

5

ebenfalls Experimente zum dichotischen Hören durch und interessierte sich für dieses Phänomen. Seine Versuchspersonen bekamen die Aufgabe, einen Kanal zu beschatten und die Inhalte wiederzugeben, den anderen Kanal sollten sie dagegen ignorieren. Dabei zeigte sich zunächst, dass dies auch problemlos möglich war und die Versuchspersonen tatsächlich keinerlei Erinnerungen an Informationen des nichtbeachteten Kanals hatten. Broadbents Filter schien zu funktionieren. Allerdings, wie sich später zeigte, nicht immer. Wurde nämlich der Name der Versuchsperson auf dem nicht zu beachtenden Kanal präsentiert, wurde dieser durchaus bewusst registriert. Offensichtlich wurden also auch die eigentlich nichtbeachteten Signale semantisch verarbeitet, zumindest soweit, um entscheiden zu können, ob dort so etwas Wichtiges wie der eigene Name auftaucht oder nicht.

Flexibler Filter

Angesichts solcher Befunde entwickelte Anne Treisman (1964) die Attenuationstheorie (Attenuation = Dämpfung; vgl. ◘ Abb. 5.4). Auch hier wird ein Filter angenommen, der das kapazitätsbegrenzte System vor Überladung schützt, allerdings funktioniert dieser Filter nicht nach dem Alles-oder-Nichts-Prinzip wie bei Broadbents Filtermodell, sondern eher nach dem Mehr-oder-weniger-Prinzip. So durchläuft der Input in Treismans Modell einem hierarchisch aufgebauten Verarbeitungsprozess, bei dem es zu einer sukzessiven Signalverarbeitung kommt. Filterprozesse bestimmen in Abhängigkeit des jeweils vorausgegangen Verarbeitungsprozesses, welcher Input weitergeleitet wird. Der Filter blockiert die vermeintlich irrelevanten Signale nicht völlig, sondern schwächt deren Verarbeitung lediglich ab, so dass im Fall des Falles, doch Zugriff auf wichtige Informationen erfolgen kann. Generell nimmt Treisman also einen flexiblen Filter an, der dann zum Zuge kommt, wenn das Verarbeitungssystem etwa durch konkurrierenden Input an seine Belastungsgrenzen kommt.

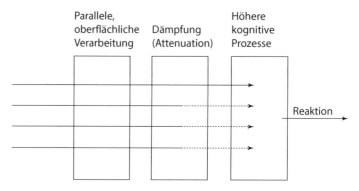

◘ **Abb. 5.4**   Attenuation-Modell

> **Blick in die Praxis: Achtung klausurrelevant!**
>
> Das Cocktailparty-Phänomen kann man sich auch in anderen Zusammenhängen zunutze machen. Es gibt hin und wieder Unterrichtsstunden, in denen die Studierenden nicht ganz so aufmerksam sind, wie ich das gerne hätte. Ich weiß, es gibt manchmal Wichtigeres im Leben, als sich mit der Allgemeinen Psychologie zu beschäftigen. Mich erstaunt dann immer wieder, was passiert, wenn ich in normaler Lautstärke den Satz fallen lasse: „Das ist übrigens klausurrelevant." Sofort sind alle Gespräche beendet und ich kann mir der gesamten Aufmerksamkeit sicher sein. Wie Moray (1959) schon interpretierte, wir klammern eben nur diejenigen Informationen aus unserer aufmerksamen Beachtung aus, die uns gerade nicht wichtig sind. Relevantes wird dagegen sehr wohl identifiziert und erkannt.

5.4.3 Späte Selektion

Während Broadbent und Treisman den Zeitpunkt der Selektion recht früh innerhalb des Informationsverarbeitungsprozesses ansiedeln, entwickelten Deutsch und Deutsch (1963) eine völlig andere Sichtweise. Sie nehmen an, dass alle Reize vollständig semantisch verarbeitet werden. Erst dann werden die für die aktuelle Situation relevanten Reize weiterverarbeitet, also z. B. im Gedächtnis gespeichert oder für die anstehende oder durchgeführte Handlung entsprechend berücksichtigt (vgl. ◼ Abb. 5.5). Für diese Annahme spricht auch der Eriksen-Flanker-Effekt. Eriksen und Eriksen (1974) hatten demonstriert, dass es uns kaum möglich ist, als irrelevant markierte Reize zu ignorieren, die in der Nähe der eigentlich zu beachteten Reize präsentiert werden (diese flankieren), was sich wiederum in Interferenzeffekten (verzögerten Reaktio-

Flanker-Effekt

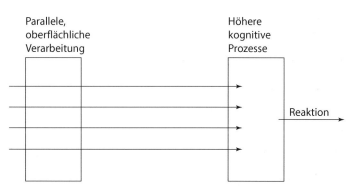

◼ **Abb. 5.5** Späte Selektion

5

nen) niederschlägt. Konkret hatten Eriksen und Eriksen ihren Versuchspersonen in der Mitte eines Bildschirms verschiedene Buchstaben dargeboten. Sie wurden instruiert, wann immer ein H oder ein K erscheint, so schnell wie möglich eine Taste rechts von ihnen zu drücken. Wurde dagegen ein S oder C präsentiert, musste die Taste links betätigt werden. Rechts und links neben dem relevanten Buchstaben wurden jedoch auch andere Buchstaben eingeblendet, die als irrelevant bezeichnet wurden. Auf diese Weise stellten Eriksen und Eriksen Durchgänge her, in denen relevante wie irrelevante Buchstaben die gleiche Reaktion nahelegten (z. B. K K H K K oder S S C S S; kompatible Bedingung) und solche Durchgänge, bei denen die irrelevanten flankierenden Reize mit einer anderen Antwort assoziiert waren (inkompatible Bedingung). Daneben wurden noch Durchgänge realisiert, in denen die relevanten Buchstaben durch neutrale, also mit gar keiner Reaktion assoziierten Buchstaben begleitet wurden (z. B. G J K J G). Dabei zeigt sich, dass zum einen die Reaktionen in der kompatiblen Bedingung schneller erfolgen als in den neutralen Durchgängen, zum anderen die Reaktionszeiten in den inkompatiblen Durchgängen langsamer waren als in der neutralen Bedingung. Ganz offensichtlich gelingt es also nicht, relevante und irrelevante Reize aufgrund ihrer Position zu unterscheiden. Vielmehr werden alle Reize soweit automatisch verarbeitet, dass sie z. B. konfligierende Handlungsbereitschaften auslösen. Shaffer und LaBerge (1979) konnten solche Effekte auch mit semantisch komplexeren Stimuli (Kategorienbegriffe) nachweisen, was ebenfalls für eine semantische Verarbeitung irrelevanter Reize und demnach für eine späte Selektion spricht.

Selection for Action

Die Flanker-Aufgabe ist auch schwierig, weil sich die Relevanz der Reize von Durchgang zu Durchgang ändert. Die hier beobachtete Interferenz kann nicht nur als Beleg für eine späte Selektion angesehen werden, sondern auch dafür, dass Aufmerksamkeit derjenige Mechanismus ist, der es uns erlaubt, zu einem Zeitpunkt diejenigen Reize und Handlungen zu koordinieren, die für die konkrete und aktuelle Zielerreichung notwendig sind („selection for action"; Allport 1987). Das bedarf jedoch hin und wieder Zeit bzw. eine Entscheidung darüber, was das Notwendige ist.

5.4.4 Flexible Selektion

Die Frage nach der frühen oder späten Selektion hat zahlreiche Forschungsprogramme befeuert, in deren Verlauf sich eher die Vorstellung durchgesetzt hat, dass die Selektion zu unterschiedlichen Zeitpunkten erfolgen kann, je nach Situation und Aufgabenanforderung (Johnston und Heinz 1978).

So mag es unter bestimmten Umständen gelingen, Reize bereits sehr früh zu identifizieren und zu selektieren, unter anderen Bedingungen müssen die eingehenden Reize dagegen stärker analysiert werden, was zu einer späten Selektion führt. Auch ein modularer Aufbau unserer Aufmerksamkeit, bei der es nicht eine einzige Aufmerksamkeit, sondern eher multiple und spezialisierte Aufmerksamkeitsressourcen gibt (z. B. Allport 1989), wird diskutiert. In neuerer Zeit wird darüber hinaus eine Verbindung zwischen der Aufmerksamkeit einerseits und dem Arbeitsgedächtnis andererseits hergestellt. Wie wir später noch sehen werden, wird beispielsweise im Arbeitsgedächtnismodell von Baddeley (1986) ein zentraler Steuerungsmechanismus angenommen, dem die Aufgabe zukommt, die eingehenden Signale entsprechend zu verteilen und mit ihnen aufgabenbezogen zu „arbeiten". Diese Funktion der Planung und Steuerung (zentrale Exekutive) kommt in vielerlei Hinsicht dem nahe, was wir auch als die eigentliche Funktion der Aufmerksamkeit ansehen.

5.5 Bewusstsein

In der bisherigen Darstellung der Wahrnehmungs- und Aufmerksamkeitsprozesse war häufig von Bewusstsein bzw. bewusstseinsmäßig die Rede. Und in der Tat erleben wir Vieles, worauf unsere Aufmerksamkeit gerichtet ist, ganz bewusst. Andere Informationen und auch Steuerungsprozesse sind dagegen unbewusst oder gar nicht bewusst. Mit „bewusst" meinen wir dabei stets so etwas wie, dass wir es gemerkt haben, dass wir über unser Erleben Auskunft geben können. Unbewusst meint dann, dass wir es nicht gemerkt haben, wir es aber durchaus merken könnten. Nicht bewusst sind dagegen Prozesse, die sich uns niemals auf einer bewussten Ebene repräsentieren, etwa Hormonausschüttungen oder die Regulation des Herz-Kreislauf-Systems (zum Überblick s. etwa Becker-Carus und Wendt 2017). Häufig wird das Bewusstsein – ganz ähnlich wie wir es eben bei der Aufmerksamkeit schon gesehen haben – als Spotlight beschrieben, das gleich einem Scheinwerfer bestimmte Bereiche einer Theaterbühne ausleuchtet und sie uns damit zum Bewusstsein bringt, während die anderen Bereiche der Bühne im Dunkel verbleiben (Baars 1998).

Bewusst, unbewusst, nicht bewusst

So klar uns das bewusstseinsmäßige Erleben im Alltag ist, so unklar ist, wie dieses Erleben eigentlich zustande kommt, und was wir uns eigentlich darunter vorstellen sollen, wenn wir davon sprechen, dass „Ich" etwas „bewusst" erlebe. Was ist dieses Ich-Subjekt, welches ein inneres, subjektives Erleben hat? Erschwert wird die Antwort auf die Frage nicht zuletzt

Qualia-Problem

5

Verschiedene
Bewusstseinszustände

dadurch, dass unser subjektives Erleben objektiv nicht beobachtbar oder messbar ist (Qualia-Problem). Es gibt also keine eindeutige Entsprechung zwischen subjektivem Erleben einerseits und neuronalen Aktivitäten andererseits. Zudem lassen sich z. B. auch Intentionen, also Handlungsabsichten, hirnphysiologisch nicht sicher abbilden. Ein und dasselbe motorische Verhalten kann durch ganz unterschiedliche Intentionen begleitet sein. Auch sei an dieser Stelle darauf hingewiesen, dass die Unterscheidung zwischen dem Bewusstsein und dem Unbewussten keinesfalls von allen Forschern akzeptiert wird, sondern dass innerhalb eines mentalistischen Ansatzes zumindest die meisten kognitiven Phänomene auch ohne Rückgriff auf unbewusste Prozesse erklärt werden können (z. B. Perruchet und Vinter 2002).

Diesen Bestimmungsproblemen zum Trotz lassen sich allerdings verschiedene Bewusstseinszustände unterscheiden. Neben unserem Alltagswachbewusstsein, das sich zudem durch konsensuale Validierung selbst verstärkt, existieren noch zahlreiche andere Bewusstseinszustände, die manchmal gewollt und absichtlich induziert werden (z. B. durch Substanzeinnahme oder bestimmte Techniken und Tätigkeiten wie etwa Yoga, Hypnose, autogenes Training), in anderen Fällen dagegen unbeabsichtigt sind (z. B. bei hormonellen Veränderungen oder Vergiftungen). Auch im Zusammenhang mit psychischen Störungen kann es zu einer Veränderung im bewussten Erleben kommen, etwa bei Halluzinationen oder Wahnzuständen.

Verschiedene Bewusstseinszustände führen auf ganz unterschiedlichen Ebenen zu teilweise drastischen Erlebnisveränderungen. So verändert sich unser Denken und emotionales Erleben, wir haben Wahrnehmungsstörungen, unser Zeiterleben verändert sich, wir können das Erlebte nicht benennen, fühlen uns jünger oder nehmen unseren Körper anders wahr (Ludwig 1966).

> **Blick in die Praxis: Entspannen Sie sich doch einmal!**
> Es ist eigentlich gar nicht so schwer, sich einmal von dem „normalen Alltagsbewusstsein" zu verabschieden und sich in einen anderen Bewusstseinszustand zu bewegen. Häufig geschieht dies übrigens, ohne dass wir es merken würden, noch dass wir es beabsichtigt hätten. Wer sich schon einmal in Rage erlebt hat, wird das Gefühl womöglich kennen, dass sich die Welt um einen herum anders anfühlt. Das Gleiche gilt natürlich auch für das Verliebtsein. Auch Schläfrigkeit oder Benommenheit gehen mit anderen Bewusstseinszuständen einher (weiterführend s. Vaitl et al. 2005). Weniger dramatisch sind einfache Entspannungsübungen, mit denen wir unser bewusstes Erleben verändern und unser Wohlbefinden stei-

gern können (Ebell und Häuser 2010). Probieren Sie doch einmal Folgendes aus. Schauen Sie auf die Uhr und nehmen Sie sich ein bisschen Zeit. Setzen Sie sich bequem in einen Sessel oder legen Sie sich einfach hin. Und jetzt achten Sie einfach nur auf Ihre Atmung. Atmen Sie tief ein, halten Sie die Luft 2, 3 Sekunden an und atmen Sie dann langsam aus. Vielleicht möchten Sie jetzt auch die Augen schließen. Stellen Sie sich dabei vor, dass Sie mit jedem Atemzug ein bisschen mehr entspannen und die Alltagsgedanken hinter sich lassen. Sie müssen an nichts Besonderes denken, folgen Sie einfach Ihrer Atmung. Atmen Sie ein und wieder aus. Sie werden sicherlich bald bereits erste Anzeichen spüren, dass Sie sich entspannen. Ihr Körper fühlt sich schwerer an und Sie fühlen sich mit jedem Atemzug etwas entspannter. Denken Sie jetzt an einen Ort, an dem Sie gerne wären. Schauen Sie sich um, betrachten Sie die Details und genießen die Aussicht. Womöglich riechen Sie einen bestimmten Duft und spüren die Luft auf Ihrer Haut. Atmen Sie weiter ganz entspannt ein und aus und gönnen Sie sich für ein paar Minuten den Aufenthalt am Wunschort. Gehen Sie auf Entdeckungstour und prägen sich die Szenerie ein. Nach einer Weile, je nach Lust und Laune, kehren Sie mit Ihren Gedanken wieder zurück an den Ort, an dem Sie sich gerade befinden. Öffnen Sie die Augen und atmen nochmals tief und langanhaltend ein und aus. Und dann schätzen Sie einmal, wie lange Sie „weg" waren. Schauen Sie auf die Uhr und überzeugen Sie sich, wie lange die kleine Übung gedauert hat. Vielleicht hat es sich länger angefühlt? Wie waren Ihre Eindrücke von dem Wunschort? Klar? Real und deutlich? Haben Sie womöglich etwas auf Ihrer Haut gespürt? Etwas gerochen? Vielleicht waren Sie gerade in einem anderen Bewusstseinszustand, der sich in einigen Aspekten von Ihrem jetzigen Zustand unterschieden hat. Neben einem veränderten Zeitgefühl hat sich auch Ihr Körpergefühl verändert. Vielleicht aber auch nicht. Im besten Fall hat es Ihnen gerade einfach nur gut getan und Sie können ganz entspannt das nächste Kapitel in Angriff nehmen.

Prüfungsfragen

1. Was versteht man unter Aufmerksamkeit und warum ist diese grundsätzlich selektiv?
2. Erläutern Sie die Spotlight-Metapher und begründen Sie, warum diese das Aufmerksamkeitsphänomen nicht vollständig erklären kann.
3. Was versteht man unter dem Cocktailparty-Effekt?

5

4. Welche Effekte kann man bei der Unaufmerksamkeitsblindheit beobachten. Wie kann ich dieses Phänomen in der Anwendungspraxis nutzen?
5. Was versteht man unter automatischen und kontrollierten Aufmerksamkeitsprozessen? Geben Sie dazu jeweils ein Alltagsbeispiel.
6. Welches Phänomen wird durch den Flanker-Effekt beschrieben?
7. Was ist der Unterschied zwischen endogener und exogener Aufmerksamkeitssteuerung.
8. Was spricht für und was gegen die Filtertheorie/Attenuationstheorie der Aufmerksamkeit?
9. Erläutern Sie die welche Rolle die Aufmerksamkeit bei der Handlungssteuerung besitzt.
10. Was ist der Unterschied zwischen bewusst, nicht bewusst und unbewusst?

Zusammenfassung

- Unsere Aufmerksamkeit steuert selektiv, welche Informationen wir beachten und verarbeiten.
- Aufmerksamkeit ist eine begrenzte Ressource.
- Häufig wird die Spotlight-Metapher zur Beschreibung von Aufmerksamkeitsprozessen verwendet.
- Das Phänomen der Unaufmerksamkeitsblindheit zeigt, dass Ereignisse außerhalb unserer Aufmerksamkeit, selten bewusst wahrgenommen werden.
- Aufmerksamkeit kann endogen oder exogen gesteuert werden.
- Automatische Prozesse laufen ohne Aufmerksamkeit ab.
- Kontrollierte Prozesse benötigen Aufmerksamkeit.
- Der Aufmerksamkeit kommt eine zentrale Kontrollfunktion bei der Handlungssteuerung zu.
- Die Filtertheorie der Aufmerksamkeit schlägt eine frühe Selektion anhand von physikalischen Merkmalen vor.
- Der Cocktailparty-Effekt beschreibt das Phänomen, dass man trotz Stimmengewirr und Hintergrundgeräuschen hört, wenn der eigene Name gerufen wird.
- Die Attenuationstheorie schlägt einen Aufmerksamkeitsfilter vor, der nach dem Mehr-oder-weniger-Prinzip funktioniert.
- Die Idee einer späten Selektion geht von einer vollständigen semantischen Analyse der eingehenden Reize aus.
- Der Flanker-Effekt ist das Ergebnis von interferierenden Handlungsbereitschaften.
- Heute gehen wir von einer flexiblen Aufmerksamkeitsselektion aus, die bedarfsgerecht früh oder spät erfolgen kann.

- ▬ Mit Bewusstsein bezeichnen wir unser Alltagswacherleben.
- ▬ Es gibt unterschiedliche Bewusstseinszustände.

Schlüsselbegriffe

Attenuationstheorie, automatische Prozesse, begrenzte Kapazität, Bewusstsein, Cocktailparty-Effekt, dichotisches Hören, endogene Aufmerksamkeitssteuerung, exogene Aufmerksamkeitssteuerung, Filtertheorie, Flanker-Effekt, frühe Selektion, flexible Selektion, kontrollierte Prozesse, nicht bewusst, Selection for Action, selektive Aufmerksamkeit, späte Selektion, Spotlight-Metapher, Stroop-Effekt, Unaufmerksamkeitsblindheit, unbewusst.

Literatur

Allport, A. (1989). Visual attention. In M. I. Posner (Hrsg.), *Foundations of cognitive science* (S. 631–682). Cambridge, MA: The MIT Press.

Allport, D. A. (1987). Selection for action: Some behavioral and neurophysiological considerations of attention and action. In H. Heuer & A. Sanders (Hrsg.), *Perspectives on perception and action* (S. 395–419). London: Routledge.

Baars, B. J. (1998). Metaphors of consciousness and attention in the brain. *Trends in Neurosciences, 21*(2), 58–62.

Baddeley, A. D. (1986). *Working memory*. Oxford: Oxford University Press.

Bak, P. M. (2019). *Werbe- und Konsumentenpsychologie* (Eine Einführung, 2. Aufl.). Stuttgart: Schäffer-Poeschl.

Barry, T. E. (1987). The development of the hierarchy of effects: An historical perspective. *Current Issues and Research in Advertising, 10*(1-2), 251–295.

Becker-Carus, C., & Wendt, M. (2017). *Allgemeine Psychologie: Eine Einführung* (2. Aufl.). Heidelberg: Springer.

Broadbent, D. E. (1954). The role of auditory localization in attention and memory span. *Journal of Experimental Psychology, 47*(3), 191–196.

Broadbent, D. E. (1958). *Perception and communication*. Oxford: Pergamon.

Cave, K. R., & Bichot, N. P. (1999). Visuospatial attention: Beyond a spotlight model. *Psychonomic Bulletin & Review, 6*(2), 204–223.

Cherry, C. (1953). Some experiments on the recognition of speech with one and two ears. *Journal of the Acoustical Society of America, 23*, 915–919.

Deutsch, J. A., & Deutsch, D. (1963). Attention: Some theoretical considerations. *Psychological Review, 70*(1), 80–90.

Duncan, J. (1984). Selective attention and the organization of visual information. *Journal of Experimental Psychology: General, 113*(4), 501–517.

Ebell, H., & Häuser, W. (2010). Entspannung und Imagination (Selbsthypnose). *PiD – Psychotherapie im Dialog, 11*(2), 140–144.

Eriksen, B. A., & Eriksen, C. W. (1974). Effects of noise letters upon the identification of a target letter in a nonsearch task. *Perception & Psychophysics, 16*(1), 143–149.

Eriksen, C. W., & St. James, J. D. (1986). Visual attention within and around the field of focal attention: A zoom lens model. *Perception & Psychophysics, 40*(4), 225–240.

5

Johnston, W. A., & Heinz, S. P. (1978). Flexibility and capacity demands of attention. *Journal of Experimental Psychology: General, 107*(4), 420–435.

Kreuzer, P. M., Vielsmeier, V., & Langguth, B. (2013). Chronic tinnitus: an interdisciplinary challenge. *Deutsches Ärzteblatt International, 110*(16), 278–284.

LaBerge, D., & Samuels, S. J. (1974). Toward a theory of automatic information processing in reading. *Cognitive Psychology, 6*(2), 293–323.

Ludwig, A. M. (1966). Altered states of consciousness. *Archives of General Psychiatry, 15*(3), 225–234.

Mack, A., & Rock, I. (1998). *Inattentional Blindness.* Cambridge: MIT Press.

Maddox, W. T., Ashby, F. G., & Waldron, E. M. (2002). Multiple attention systems in perceptual categorization. *Memory & Cognition, 30*(3), 325–339.

McMains, S. A., & Somers, D. C. (2004). Multiple spotlights of attentional selection in human visual cortex. *Neuron, 42*(4), 677–686.

Neumann, O. (1984). Automatic processing: A review of recent findings and a plea for an old theory. In W. Prinz & A. F. Sanders (Hrsg.), *Cognition and Motor Processes* (S. 255–293). Berlin: Springer.

Perruchet, P., & Vinter, A. (2002). The self-organizing consciousness. *Behavioral and Brain Sciences, 25*(3), 297–330.

Posner, M., & Snyder, C. R. (1975). Attention and cognitive control. In R. L. Solso (Hrsg.), *Information processing and cognition: The Loyola symposium.* Hillsdale: Erlbaum.

Posner, M., Snyder, C. R., & Davidson, B. J. (1980). Attention and the detection of signals. *Journal of Experimental Psychology: General, 109*(2), 160–174.

Posner, M. I. (1980). Orienting of attention. *Quarterly Journal of Experimental Psychology, 32*(1), 3–25.

Roberts, L. E., Husain, F. T., & Eggermont, J. J. (2013). Role of attention in the generation and modulation of tinnitus. *Neuroscience & Biobehavioral Reviews, 37*(8), 1754–1773.

Rossiter, S., Stevens, C., & Walker, G. (2006). Tinnitus and its effect on working memory and attention. *Journal of Speech, Language, and Hearing Research, 49*(1), 150–160.

Schneider, W., & Shiffrin, R. W. (1977). Controlled and automatic human information processing: I. Detection, search, and attention. *Psychological Review, 84*(1), 1–66.

Searchfield, G. D., Morrison-Low, J., & Wise, K. (2007). Object identification and attention training for treating tinnitus. *Progress in Brain Research, 166,* 441–460.

Shaffer, W. O., & LaBerge, D. (1979). Automatic semantic processing of unattended words. *Journal of Verbal Learning and Verbal Behavior, 18*(4), 413–426.

Shiffrin, R. W., & Schneider, W. (1977). Controlled and automatic human information processing: II. perceptual learning, automatic attending, and a general theory. *Psychological Review, 84*(2), 127–190.

Simons, D. J., & Chabris, C. F. (1999). Gorillas in our midst: Sustained inattentional blindness for dynamic events. *Perception, 28*(9), 1059–1074.

Stroop, J. R. (1935). Studies of interference in serial verbal reactions. *Journal of Experimental Psychology, 18,* 643–662.

Treisman, A. M. (1964). Selective attention in man. *British Medical Bulletin, 20*(1), 12–16.

Vaitl, D., Birbaumer, N., Gruzelier, J., Jamieson, G. A., Kotchoubey, B., Kübler, A., … Weiss, T. (2005). Psychobiology of altered states of consciousness. *Psychological Bulletin*, 131(1), 98–127.

Zenner, H.-P., Vonthein, R., Zenner, B., Leuchtweis, R., Plontke, S. K., Torka, W., … Birbaumer, N. (2013). Standardized tinnitus-specific individual cognitive-behavioral therapy: A controlled outcome study with 286 tinnitus patients. *Hearing Research*, 298, 117–125.

Gedächtnis

Inhaltsverzeichnis

Gedächtnis

Inhaltsverzeichnis

© Springer-Verlag GmbH Deutschland, ein Teil von Springer Nature 2020
P. M. Bak, *Wahrnehmung, Gedächtnis, Sprache, Denken*, Angewandte Psychologie Kompakt,
https://doi.org/10.1007/978-3-662-61775-5_6

Lernziele

- Gedächtnis als Prozess erklären können
- Verschiedene Gedächtnissysteme kennen und unterscheiden können
- Gedächtnisformate kennen
- Erklären können, wie unser Wissen im Gedächtnis organisiert ist
- Das Phänomen des Primings erklären können
- Wichtige Faktoren des Lernens und Vergessens kennen
- Anwendungspraktische Tipps zum besseren Lernen geben können

6

Gedächtnis als hypothetisches Konstrukt

Einführung

Haben wir uns bisher v. a. mit dem Wahrnehmungsprozess und der Signalaufnahmen beschäftigt, betrachten wir nun unser Gedächtnis etwas genauer. Das Gedächtnis ist unsere zentrale Informationseinheit, die an allen Prozessen der Informationsverarbeitung beteiligt ist. Etwa wenn wir eine Kirsche von einem Apfel unterscheiden, wenn wir bei der nächsten Klausur die gestellten Frage beantworten können, wenn wir Auto fahren, uns an den Namen und die Telefonnummer des netten Kommilitonen oder der netten Kommilitonin erinnern oder über uns selbst und unser Wesen nachdenken. Dabei bezeichnet das Gedächtnis als hypothetisches Konstrukt nicht etwa das Gehirn oder auch nur einen Teil davon. Vielmehr nutzen wir den Begriff „Gedächtnis" dafür, bestimmte Prozesse und Strukturen zu beschreiben, die es uns ermöglichen, zu einer Vorstellung von der Welt zu gelangen, die uns ein sinnhaftes und zielorientiertes Verhalten und Handeln ermöglicht. Beginnen wir unsere Betrachtungen mit einigen grundlegenden Prozessen und begrifflichen Unterscheidungen.

6.1 Gedächtnis als Prozess

Drei Gedächtnisprozesse

Es ist gar nicht so einfach, all das zu beschreiben, wofür der Begriff „Gedächtnis" steht, nämlich für zahlreiche und ganz unterschiedliche Prozesse der Informationsverarbeitung. Zunächst kann man sagen, dass unser Gedächtnis eine mentale Repräsentation der Welt, so wie wir sie kennen und erleben, darstellt. Es beinhaltet Wissen über vergangene Ereignisse unseres Lebens genauso wie darüber, was ein Baum ist, dass Rom die Hauptstadt von Italien ist oder wie man sich anstellen muss, um Fahrrad zu fahren. Der „Weg der Welt in unseren Kopf" beginnt zwar, wie weiter vorne beschrieben, bei unseren Sinnen, vervollständigt wird er jedoch erst durch die Top-down-Verarbeitung, an der unser Gedächtnis maßgeblich beteiligt ist. Allgemein unterscheiden wir drei grundlegende Gedächtnisprozesse:

▬ **Enkodierung**: Dieser Prozess sorgt dafür, dass die aus den Sinneskanälen stammenden sensorischen Rohdaten in eine mentale Repräsentation umgewandelt werden.

▬ **Speicherung**: Dieser Prozess steht für die dauerhafte Aufbewahrung der mentalen Repräsentationen, das Behalten dessen, was wir erlebt und erfahren haben.

▬ **Abruf**: Damit sind jene Prozesse gemeint, die es uns ermöglichen, die gespeicherten Informationen zu einem späteren Zeitpunkt wieder abzurufen.

Anhand dieser Unterscheidung lassen sich nun zahlreiche Fragen stellen, die die Gedächtnispsychologie zu klären versucht, z. B.: Wie werden die Rohdaten zu mentalen Repräsentationen transformiert? Welche Form besitzen die mentalen Repräsentationen? Was beeinträchtigt bzw. begünstigt die Speicherung neuer Informationen? Warum vergessen wir wieder? Was bedeutet eigentlich Vergessen? Was sind Erinnerungen? Wie können wir nach bestimmten Erinnerungen suchen? Wie ist unser Wissen organisiert? Wie kann man Gedächtnisleistungen messen und quantifizieren?

6.2 Gedächtnissysteme

Es gibt Informationen, die wir nicht mehr vergessen. So wird sich wohl jeder an bestimmte persönliche Erlebnisse erinnern, z. B. den ersten Schultag oder das Elternhaus. Auch verfügen wir über ein beträchtliches Wissen über die Welt, über den Gebrauch der Sprache und über Fakten, welches wir bedarfsgerecht abrufen können, auch wenn uns Vieles davon im Moment gar nicht präsent ist. Andere Dinge vergessen wir sofort wieder oder haben Schwierigkeiten, sie uns länger als einen Augenblick zu merken, selbst wenn es nur wenige Informationen sind, z. B. die Telefonnummer, die uns gerade zugerufen wird. Ganz offensichtlich behandelt unser Gedächtnis nicht alle Informationen gleich. Drei Gedächtnissysteme oder -strukturen lassen sich in Bezug auf die Dauer und Menge der behaltenden Informationen unterscheiden. Zum einen das sensorische Gedächtnis (auch Ultrakurzzeitgedächtnis genannt), das Kurzzeitgedächtnis (Arbeitsgedächtnis) und das Langzeitgedächtnis (Atkinson und Shiffrin 1968).

6.2.1 Sensorisches Gedächtnis

Unser Wahrnehmungsvorgang beginnt, wenn die Rezeptoren in unseren Sinnesorganen spezifische Veränderungen (z. B. elektromagnetischer oder chemischer Form) registrieren.

Diese Reizaufnahme kommt einer äußerst kurzen Zwischenspeicherung gleich, die so lange dauert, bis die relevanten Daten ausgelesen und für die weitere Verarbeitung analysiert wurden. Die dafür notwendige Zeit ist so kurz, dass wir davon in der Regel in unserem bewussten Erleben nur wenig merken, hin und wieder vielleicht, wenn wir die Augen z. B. schließen und für einen Moment den Eindruck haben, noch zu sehen, was sich gerade vor unseren Augen abspielte. Das macht es aber auch so schwierig, dieses Gedächtnissystem zu untersuchen.

Ikonisches Gedächtnis

6

Wir haben es George Sperling (1960) zu verdanken, dass wir Genaueres darüber wissen. Er hat das sog. *ikonische Gedächtnis*, so die Bezeichnung für das visuelle sensorische Gedächtnis, untersucht. Dazu hat er seinen Versuchspersonen Reizvorlagen aus z. B. 3 × 4 Buchstabenreihen für sehr kurze Zeit (50 msec) dargeboten und sie aufgefordert, möglichst viele Buchstaben zu nennen (vgl. ◼ Abb. 6.1). Bei diesem *vollständigen Berichten* stellte sich heraus, dass etwa 4–5 Buchstaben korrekt erinnert wurden, woraus sich die Frage ableiten lässt, was mit den anderen Buchstaben ist. Wurden sie nicht gesehen oder nicht gespeichert? Um dies zu prüfen, modifizierte Sperling sein Vorgehen. Neben der Reizvorlage erhielten die Teilnehmer nach der Darbietung der Buchstabenmatrix verschiedene Tonsignale präsentiert, welche mit einer spezifischen Instruktion assoziiert waren. Ein hoher Ton signalisierte den Teilnehmern, dass sie die obere Zeichenreihe wiedergeben sollen, ein mittlerer Ton bedeutete, die mittlere Reihe zu erinnern,

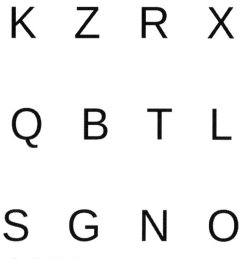

◼ **Abb. 6.1**   Sperling-Matrizen

und ein tiefer Ton die unterste Reihe. Bei dieser *Teilberichts-methode* zeigt sich nun Erstaunliches: Die Versuchspersonen haben eine nahezu perfekte Erinnerung an die im Nachgang längst nicht mehr sichtbare aber akustisch markierte Zeile, was darauf hinweist, dass zum Zeitpunkt des Tonsignals offenkundig noch alle Reize verfügbar waren, d. h., die Speicherkapazität muss enorm groß sein. Allerdings ist die Aufbewahrungsdauer so kurz, dass sie bei der Methode des vollständigen Berichtens nicht ausreicht, um alle Reize auszulesen. Das bedeutet auch, dass Vieles, was wir über unsere Sinnesorgane wahrnehmen, erst gar nicht weiterverarbeitet wird. Sperling variierte anschließend auch die zeitliche Verzögerung, mit der die Tonsignale eingespielt wurden. Auf diese Weise fand er heraus, dass die Teilberichtsmethode nach 1 Sekunde keinen Vorteil mehr gegenüber der Vollberichtsmethode aufweist.

Aber nicht nur unser visueller Sinn verfügt über ein Ultrakurzzeitgedächtnis, auch unsere anderen Sinne sind so ausgestattet. So lassen sich zum auditiven Gedächtnis ähnliche Befunde berichten, wobei die Aufbewahrungsdauer hier mit bis zu 4 Sekunden länger ist (z. B. Lu et al. 1992). Dieses sog. *echoische Gedächtnis* wird daher von uns im Alltag häufiger bewusst erlebt. Wenn wir beispielsweise meinen, etwas nicht verstanden zu haben, die Frage „Wie bitte?" schon formuliert und ausgesprochen haben, die Antwort sich dann aber wie ein fernes Echo doch noch selbständig einstellt.

Echoisches Gedächtnis

Inwieweit der sensorische Speicher tatsächlich ausschließlich sensorischer Natur ist und ab wann weiterführende kognitive Prozesse in die Verarbeitung eingreifen, ist nicht exakt bestimmt. Es gibt z. B. Hinweise auf eine erste, rudimentäre semantische Verarbeitung bereits zu einem sehr frühen Zeitpunkt (s. dazu z. B. Merikle 1980; Coltheart 1980).

6.2.2 **Kurzzeitgedächtnis**

Das Kurzzeitgedächtnis ist dem sensorischen Gedächtnis nachgeschaltet. Wie der Name schon sagt, handelt es sich ebenfalls um einen temporären Speicher, der Informationen bereithält, denen wir unsere Aufmerksamkeit schenken. Das können dann Inhalte aus dem sensorischen Speicher sein oder Informationen, die aus dem Langzeitgedächtnis abgerufen wurden. Die Information muss aktiv, z. B. durch Wiederholen („maintenance rehearsal") im Kurzzeitgedächtnis behalten werden, andernfalls fällt sie nach kurzer Zeit (max. 20 sec) heraus. Die Gedächtnisspanne (die Speicherkapazität) ist begrenzt. Deren Messung hat ein interessantes Phänomen zu Tage gefördert.

Maintenance Rehearsal

6

Machen Sie doch einmal den Praxistest. Wie groß ist wohl
Ihre Gedächtnisspanne? Legen Sie sich gleich einen Schrei-
ber und ein Blatt Papier zur Seite. Lesen Sie dann zunächst
einmal folgende Zahlen der Reihe nach zügig durch und
schauen dann vom Buch weg, um sich sofort die Buchstaben
zu notieren, an die Sie sich erinnern können. Bereit? Dann
geht es los:

T R H J O P F W N L A Z

Na, wie viele Buchstaben haben Sie erinnert?

Magische Zahl 7

Üblicherweise misst man die Gedächtnisspanne damit, dass
eine Reihe von Buchstaben oder Zahlen für kurze Zeit vorgelegt wird und die Probanden anschließend gebeten werden,
so viel wie möglich zu erinnern. Erstaunlicherweise kann
man bei einer solchen unmittelbaren Erinnerung beobachten, dass in der Regel 7 plus minus 2 Zahlen oder Buchstaben
korrekt wiedergegeben werden. Miller (1956) spricht in diesem Zusammenhang auch von der „magischen Zahl 7". (Cowan [2001] spricht dagegen eher von der „magischen Zahl
4"). Die Leistung verschlechtert sich aber, je länger man mit
der Wiedergabe wartet und es kein aktives Wiederholen der
Zeichen („maintenance rehearsal") gab. Wir kennen das Phänomen, wenn wir uns eine Telefonnummer merken müssen.
Man kann die Kapazität des Kurzzeitgedächtnisses jedoch
um ein Vielfaches steigern, wenn die Inhalte mit den bereits
im Langzeitgedächtnis vorliegenden Informationen verbunden werden. Ein Beispiel: Versuchen Sie sich folgende Ziffern
in korrekter Reihenfolge zu merken: 1 9 1 4 1 9 1 9 1 9 3 9 1 9
4 5. Sie werden feststellen, dass das unmöglich ist, es sei
denn, sie fügen die Ziffern zu sinnvollen Einheiten zusammen, z. B. 1914–1919 und 1939–1945, also jeweils den Beginn
und das Ende des 1. und 2. Weltkriegs. Diese Gruppierung
von Informationen zu bedeutungsvollen Einheiten nennt
man auch *Chunking* (Miller 1956). Solche Chunks können
auch Wörter sein oder ganze Sätze. Die Menge an Informationen, die wir im Kurzzeitgedächtnis aufbewahren, beeinflusst aber auch die Zeit, die wir benötigen, um diese Informationen abzurufen: Je mehr Informationen wir speichern,
umso länger dauert es, diese wieder abzurufen (Sternberg
1966, 1969), was für eine serielle Informationsverarbeitung
im Kurzzeitspeicher spricht.

6.2.3 Arbeitsgedächtnis

Da im Kurzzeitgedächtnis nicht nur Information gespeichert, sondern mit dieser auch gearbeitet wird, z. B. die Verbindung zum Langzeitgedächtnis hergestellt wird oder die Inhalte durch Wiederholung („rehearsal") aufrechterhalten bleiben, haben Baddeley und Hitch (1974) den Namen Arbeitsgedächtnis („working memory") vorgeschlagen und ein bis heute sehr populäres Modell dazu entwickelt (vgl. ◨ Abb. 6.2). Danach besitzt das Arbeitsgedächtnis mehrere Komponenten. Zunächst die sog. phonologische Schleife („phonological loop"), die für die Aufrechterhaltung verbaler und akustischer Informationen zuständig ist, etwa wenn wir uns eine Telefonnummer kurzzeitig merken. Dann wird ein Speicher für visuelle bzw. räumliche Informationen postuliert, der sog. visuell-räumliche Notizblock („visual-spatial sketchpad"). Man kann sich die Funktionsweise dieser Speichersysteme gut an einer einfachen Aufgabe verdeutlichen. Wenn wir uns beispielsweise einen auf einem Notizblock notierten Zahlencode merken möchten, dann können wir das entweder dadurch, dass wir uns die Ziffernfolge (innerlich) sprechend vorsagen, die Bildinformation wird dadurch in phonetische Information transformiert, oder indem wir versuchen, uns die Information als Bild einzuprägen. Die phonologische Schleife und der visuell-räumliche Notizblock beinhalten also unterschiedlich enkodierte Informationen.

Phonologische Schleife und visuell-räumlicher Notizblock

Es gibt zahlreiche Belege für die beiden getrennten Systeme. Für den phonologischen Speicher spricht z. B. der einfache Umstand, dass es uns kaum gelingt, uns Zahlen zu merken, wenn wir währenddessen laut Wörter nachsprechen müssen (*artikulatorische Unterdrückung*; Baddeley et al. 1975). Auch der *Wortlängeneffekt* ist ein Beleg für den phonologischen Speicher. Es zeigt sich nämlich, dass die Wortanzahl, die wir uns merken können, von der Wortlänge abhängt, wobei damit nicht die Silbenzahl, sondern die Aussprechdauer entscheidend ist (Baddeley et al. 1975; Ellis und Hennelly 1980). Zudem ist es für uns schwieriger, Buchstaben oder Wörter zu merken, die sich ähnlich anhören. Zum Beispiel ist die Buchstabenfolge C, B, T, W, G, P schwieriger zu behalten als F, W, K, S, Q, was für eine phonologische Kodierung spricht (Baddeley 1966; Conrad und Hull 1964). Auch Hintergrundgeräusche oder Gespräche können uns beim Memorieren stören, weil diese ebenfalls in den phonologischen Speicher gelangen und in Konkurrenz zum Lernmaterial treten (Baddeley 2000b). Umgekehrt kann man zeigen, dass es schwieriger ist, sich visuell

Wortlängeneffekt und Visual Similarity Effect

Langzeitgedächtnis

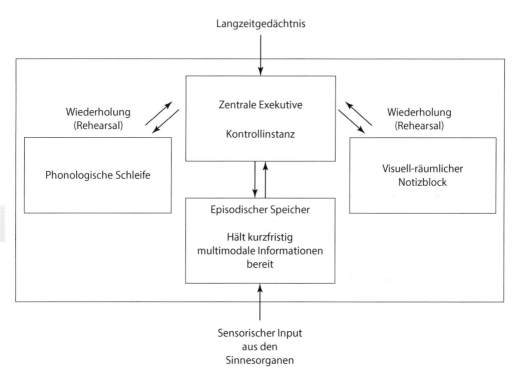

● **Abb. 6.2** Arbeitsgedächtnismodell (Nach Baddeley 2000a, © 2000, with permission from Elsevier)

Zentrale Exekutive

ähnliche Informationen zu merken, als visuell unähnliche Informationen („visual similarity effect"; Logie et al. 2000), was wiederum für einen separaten visuellen Speicher spricht.

In der aktuellen Version des Modells (Baddeley 2000a; Baddeley et al. 2010) wird noch ein dritter Speicher aufgeführt, ein episodischer Speicher („episodic buffer"), in dem multimodale Informationen kurzzeitig zur Verfügung gestellt werden. Episodisch meint hier, dass der Speicher keine Einzelinformationen (visuell, auditiv etc.) beinhaltet, sondern integrierte situative Informationen („chunks") bereithält, die uns bewusst zugänglich sind. Damit kommt dem episodischen Speicher auch bei der Lösung des Bindungsproblems (vgl. ► Abschn. 3.3.4) eine bedeutende Rolle zu (Baddeley et al. 2011), bei dem es um die Verknüpfung unterschiedlicher Merkmale (Farbe, Form, Bewegung) zu einem einzigen Objekt geht. Kontrolliert werden diese drei Subsysteme durch eine übergeordnete Instanz, die zentrale Exekutive („central executive"). Diese steuert und reguliert Verarbeitungsprioritäten (Welche Aufgabe ist zu erledigen? Wie weit bin ich schon?) und sorgt für die Verbindung zum Langzeitgedächtnis. Die funktionale Nähe der zentralen Exekutive mit Prozessen der Aufmerksamkeitssteuerung hat dazu geführt, dass in letzter Zeit vermehrt anstatt von Aufmerksamkeit generell von exekutiven Kontrollfunktionen (Kane et al. 2001; Rubinstein et al. 2001) gesprochen wird. Dies wird auch an dem Gedächtnismodell von Cowan (1995, 1999) deutlich, bei dem die zentrale Exekutive zur temporären Aktivierung von Informationen aus dem Langzeitgedächtnis führt. Dabei werden immer solche Inhalte aus dem Langzeitgedächtnis aktiviert, die für die gerade anstehende Aufgabe relevant sind. Im Gegensatz zu Baddeley verzichtet Cowan allerdings auf die Annahme zweier getrennter Speichersysteme (Arbeits- und Langzeitgedächtnis) und verortet die eigentliche „Arbeit", die durch die zentrale Exekutive ausgeführt wird, ebenfalls im Langzeitgedächtnis.

6.2.4 Langzeitgedächtnis

Das Langzeitgedächtnis ist „unsere Festplatte" (oder unser Cloudspeicher) und ist also darauf spezialisiert, Informationen auf Dauer zu behalten. Seine Kapazität ist quasi unbegrenzt. Es beherbergt im Prinzip alle bedeutungsvollen Erfahrungen, die wir gemacht haben. Das kann eine Information sein, die erst ein paar Minuten alt ist, aber auch unser Wissen über Dinge in der Welt, Erlebnisse aus unserer Kindheit oder unser Handlungswissen. In Abhängigkeit von den Inhalten hat sich die Unterscheidung zwischen deklarativem Gedächtnis und nondeklarativem Gedächtnis eingebürgert (s. ausführlich dazu z. B. Squire et al. 1993). Unter dem deklarativen Gedächtnis versteht man das verbalisierbare Faktenwissen, also z. B. wann ein bestimmtes Ereignis wie der 2. Weltkrieg stattgefunden hat, dass ein Wal ein Säugetier ist und dass der schiefe Turm in Pisa steht (semantisches Wissen). Zum deklarativen Gedächtnis gehört außerdem unser *episodisches Wissen*, also Erinnerungen an das, was so alles in letzter Zeit passiert ist, und auch unser *autobiografisches Gedächtnis*, also alle unseren (wichtigen) persönlichen Erfahrungen, etwa dass wir als Kind schon einmal in den Gartenteich gefallen sind oder unsere Urlaubserinnerungen. Mit dem nondeklarativen Gedächtnis wiederum beschreibt man v. a. motorisches Wissen, also etwa das Wissen, wie man Rad fährt (prozedurales Gedächtnis), oder das assoziative Wissen, das durch Konditionierung erworben wurde. Auch das sog. perzeptuelle Gedächtnis, das uns das Wiedererkennen von Objekten (auch Gesichtern) ermöglicht, ist Teil des nondeklarativen Gedächtnisses. Anders als das Faktenwissen liegt das nondeklarative Wissen in der Regel aber implizit vor. Damit ist gemeint, dass wir darauf nicht durch bewusst gesteuerte Suchprozesse zugreifen können, sondern dass es uns bei Bedarf unbewusst, z. B. auch

Deklaratives und nondeklaratives Gedächtnis

6

Implizites und explizites
Gedächtnis messen

durch das Priming (Voraktivierung), zur Verfügung gestellt wird. Das deklarative Gedächtnis wird daher auch als explizites, das nondeklarative als implizites Gedächtnis bezeichnet (Graf und Schacter 1985).

Diese Unterscheidung zwischen implizitem und explizitem Gedächtnis hat auch Auswirkungen auf die Messung dieser getrennten Gedächtnissysteme. So kann das bewusste, explizite Gedächtnis beispielsweise durch die direkte Aufforderung, sich an das Gelernte zu erinnern („free recall") geprüft werden. Das implizite Gedächtnis wird dagegen indirekt gemessen, etwa durch eine Wortstammergänzungsaufgabe. Dabei wird den Teilnehmern nach der Lernphase eine Liste von Wortanfängen vorgelegt mit der Aufforderung, die Wörter mit dem ersten Wort, welches ihnen in den Sinn kommt, zu vervollständigen. Werden diese Wortstämme nun überzufällig häufig mit Wörtern aus der Lernphase vervollständigt, dann wird dies als Zeichen für einen Lerneffekt gewertet. Solche Effekte stellen sich selbst dann ein, wenn die Versuchspersonen in der Lernphase gar nicht zum Lernen aufgefordert wurden. In solchen Studien zeigt sich nun, dass die Erinnerungsleistungen in impliziten und expliziten Gedächtnisaufgaben keinesfalls gleich sind, sondern dass es hier erhebliche Unterschiede geben kann. Auch findet man beispielsweise bei amnestischen Patienten Einbußen in expliziten Gedächtnisaufgaben, nicht aber bei impliziten (Weiskrantz und Warrington 1970; s. dazu auch Roediger 1990).

6.3 Gedächtnisformate

Wie viele
Gedächtniskodierungen gibt
es?

Vieles von dem, was wir in unserem Langzeitgedächtnis aufbewahren, ist dorthin ohne große Anstrengung oder sogar völlig mühelos, nebenbei und automatisch gelangt. Wenn wir uns an das letzte Abendessen mit Freunden erinnern, an den Duft des Weins, den Geschmack des Essens, die Stimme der Freundin, den Inhalt des Gesprächs, dann tun wir das nicht, weil wir uns vorgenommen haben, uns daran erinnern zu wollen. Andere Informationen sind dagegen nur mit Anstrengung zu behalten. Vokabeln oder der Lernstoff zur Allgemeinen Psychologie I. Nun stellt sich die Frage, wie ganz unterschiedliche Informationen eigentlich in unserem Langzeitgedächtnis gespeichert werden? Gibt es ein einheitliches Format für alle Informationen, werden also nur Bedeutungen gespeichert, wie es u. a. der *Common-Coding-Ansatz* (z. B. Prinz 1984) oder die Theorie der *propositionalen Repräsentationen* (Anderson und Bower 1974) annimmt. Oder werden beispielsweise Bilder und Wörter in verschieden Formaten abgelegt, wie es die *Dual-Coding-Theorie* von Paivio (1971, 1986) vorschlägt? Oder werden sogar noch mehr Formate gespeichert, wie es der *Embodiment-Ansatz* („grounded cognition"; Barsalou 2008) annimmt? Unter Grounded Cognition versteht man einen neuen Ansatz der Kognitionspsychologie, der davon ausgeht, dass alle kognitiven Prozesse stets auch einen sensorischen und motorischen Aspekt aufweisen, bzw. Kognition, Sensorik und Motorik miteinander interagieren. Denken und Bewusstsein sind danach ohne Körper nicht denkbar, m. a. W.: Denken (Kognition) ist immer auch körperlich zu verstehen (vgl. auch Damasio 2011).

Es gibt gute Gründe anzunehmen, dass wir ein für alle Informationen einheitliches Gedächtnisformat besitzen, z. B. weil es viel ökonomischer ist. Das Gleiche gilt aber auch für eine sinnliche Enkodierung, weil sich das mit vielen Alltagsbeobachtungen deckt. Womöglich trifft sogar beides zu, d. h., das sinnliche Erinnern könnte sich als nachgelagerter Prozess auch dann einstellen, wenn das eigentliche Speicherformat einheitlich ist. Das ist nach wie vor nicht geklärt.

Verlassen wir an dieser Stelle diese spannende Frage und wenden uns einer Alltagsbeobachtung zu. So, wie wir es erleben, können Informationen auditiv oder visuell kodiert sein, wir erinnern Bilder und Töne, z. B. die Stimme und das Gesicht eines Freundes. Manchmal ist unsere Erinnerung aber auch abstrakt, wenn wir uns beispielsweise nur noch an den Inhalt eines Gesprächs, aber nicht mehr an den genauen Wortlaut erinnern können. Schauen wir uns das etwas genauer an.

6.3.1 Visuelle Speicherung

Bereits die Studien von Sperling (1960) belegen, dass wir riesige Informationsmengen für kurze Zeit bildhaft speichern. Shepard und Metzler (1971) konnten darüber hinaus zeigen, dass die Zeit, die man benötigt, um eine dreidimensionale Würfelfigur mental bis zu einem Punkt zu rotieren, von der Rotationsentfernung zu diesem Punkt abhängt. In ihren Studien benötigten die Teilnehmer umso länger, zu entscheiden, ob zwei abgebildete Figuren identisch waren, je stärker diese Figuren gegeneinander verdreht waren. Dies gilt als Beleg für eine visuelle Enkodierung im Kurzzeitgedächtnis. Aber auch in unserem Langzeitgedächtnis befinden sich unzählige Bilder. Wir können uns mühelos an Orte erinnern, an denen wir einmal waren. Wenn wir an den letzten Urlaub denken, dann stellt sich sofort das Bild des Strands oder der Berge ein, und das selbst im Traum (◙ Abb. 6.3). Unsere Wohnung können wir wie im Film begehen. Auch Gesichter erinnern wir visuell. Und wenn wir versuchen, uns nach dem Vokabellernen an ein bestimmtes Wort zu erinnern, kann es sein, dass wir imaginär

Mentale Rotation

6

▢ **Abb. 6.3**   Bilder lassen uns in Erinnerungen schwelgen. (© Claudia Styrsky)

auf die Stelle schauen, an der das Wort gestanden hat. Studien belegen dabei eine beeindruckende Merkfähigkeit (z. B. Standing 1973). Selbst bei 10'000 Bildern, die nur für jeweils 5 Sekunden gezeigt wurden, zeigt sich in einem späteren Wiedererkennenstest („recognition task"), dass es weder ein Kapazitätslimit gibt, noch dass es mit steigender Anzahl an Bildern zu großen Erinnerungseinbußen kommt. Vor allem lebhafte und besonders auffällige Bilder werden mit hoher Rate wiedererkannt (selbst nach 3 Tagen noch 73 %). Die Leistung für Wörter fällt dagegen weitaus schlechter aus. Weiterführende Studien (z. B. Brady et al. 2008) zeigen, dass wir uns dabei nicht nur an die wesentlichen Bildinformationen (Auto oder Fahrrad?), sondern auch an Details erinnern können (blaues Auto!). Auch können wir uns Bilder besser merken als deren Bezeichnungen (Paivio 1971). Allerdings unterscheiden sich Menschen darin, wie gut ihr bildhaftes Gedächtnis ist (Marks 1973).

Blick in die Praxis: Bilder-Flashbacks bei posttraumatischen Belastungsstörungen
Besonders emotionale Ereignisse sind häufig mit klaren, lebhaften Bildern verbunden (Reisberg et al. 1988). Gerade bei

schönen Anlässen schwelgen wir dann in lebhaften Erinnerungen. Die Erinnerungen sind plastisch und lassen uns das Erlebte beinahe nochmal erleben. Das gilt allerdings auch für negative Erlebnisse, die mit Stress und Leid assoziiert sind. Darunter leiden dann gerade Personen, die unter einer posttraumatischen Belastungsstörung (PTBS) leiden besonders (Bryant und Harvey 1996). Bei sog. Flashbacks oder Albträumen erleben sie immer wieder aufs Neue die Situation, die zur psychischen Belastung führte (Brett und Ostroff 1985). Den Betroffenen wird häufig mit der kognitiven Verhaltenstherapie in Form der sog. Expositionstherapie erfolgreich geholfen (Butler et al. 2006), bei der der Patient immer wieder mit der traumatischen Situation auch durch Bilder und Filme konfrontiert wird. Ziel dabei ist es u. a., neue Assoziationen zwischen den Bildern und dem aktuellen emotionalen Erleben herzustellen. Neuerdings werden dabei auch Virtual-Reality-Verfahren erfolgreich eingesetzt (Gerardi et al. 2010).

6.3.2 Auditive Speicherung

Neben der bildhaften Speicherung verfügen wir auch über eine akustische Erinnerung. Für das kurzfristige Behalten von Tönen werden zwei Systeme angenommen, eines, das kaum mehr als 300 msec vorhält und der Reizerkennung dient, und ein weiteres, das die Töne sogar mehrere Sekunden aufbewahrt (Cowan 1984). Wir verfügen aber auch über ein noch länger anhaltendes akustisches Gedächtnis, wir erkennen beispielsweise Personen an ihrer Stimme und erinnern uns an Lieder oder andere Geräusche. Allerdings scheint unser akustisches Gedächtnis weniger leistungsfähig als das visuelle zu sein (Cohen et al. 2009).

Zwei akustische Gedächtnisse

6.3.3 Semantische Speicherung

Ein Großteil unserer Erinnerung liegt in abstrakter Form als Bedeutung vor. So erinnern wir uns z. B. bei Vokabellisten häufig nicht an ein exaktes Wort, aber womöglich an einen passenden Inhalt. Statt „freundlich" denken wir vielleicht an „hilfsbereit oder so was ähnliches" (Kintsch und Buschke 1969). Je mehr Zeit zwischen Lern- und Abrufphase vergeht, umso eher erinnert man sich nicht mehr wortwörtlich, sondern sinngemäß (Bransford und Franks 1971).

6.3.4 Speicherung in anderen Sinnesformaten

Erinnerungen
sind keine
Dokumentationen!

6

Wir erinnern uns aber nicht nur an Töne, Bilder oder Bedeutungen. Wir haben auch Erinnerungen daran, wie etwas riecht, rümpfen womöglich bei einer Erinnerung an einen ekligen Geruch die Nase. Genauso gut haben wir Erinnerungen an die wärmende Sonne oder das erste Bad im Meer nach langer Zeit. In wie weit diese Erinnerungen auf semantischen Konzepten beruht oder ob tatsächliche körperliche Empfindungen mitgespeichert werden, ist weiterhin Gegenstand der wissenschaftlichen Diskussion (vgl. dazu Barsalou 2008).

6.4 Semantisches Netz und Priming

Hierarchische Organisation

Mit der Frage der Speicherung ist noch nicht geklärt, wie die Vielfalt an Informationen in unserem Gedächtnis organisiert ist. Wie in einem Aktenschrank oder in einer Bibliothek lassen sich ganz unterschiedliche Sortierungs- und Ablagemöglichkeiten denken. Nach wie vor ist die Vorstellung von Collins und Quillian (1969), nach der unser konzeptuelles Wissen hierarchisch in Form von semantischen Netzwerken organisiert ist, weit verbreitet (vgl. ◘ Abb. 6.4). In diesem Netzwerk finden sich auf übergeordneten Ebene Kategorien, die sich dann in den nachgeordneten Ebenen in Einzelexemplare ausdifferenzieren. Eine solch hierarchische Struktur stellt eine sehr ökonomische Art und Weise der Wissensrepräsentation statt,

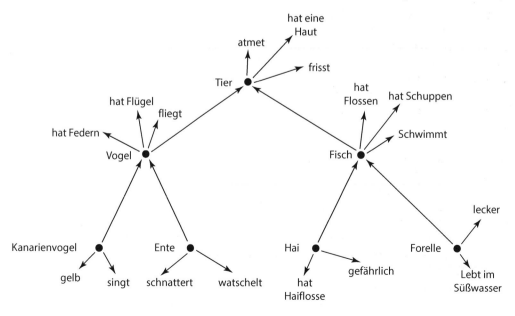

◘ **Abb. 6.4**   Semantisches Netzwerk. (Nach Collins und Quillian 1969; © 1969, with permission from Elsevier)

weil übergeordnete Konzepte die Eigenschaften nach unten vererben. Auf diese Weise kann auf redundante Inhalte verzichtet werden, ohne dass es zu Informationsverlust kommt.

Zusammen mit der Theorie der semantischen Aktivationsausbreitung (Collins und Loftus 1975; Anderson 1983) ergeben sich aus der Vorstellung eines assoziativen Netzes interessante Vorhersagen und Erklärungsansätze zu grundlegenden Gedächtnisprozessen. Begriffe (Netzwerkknoten) sind danach mehr oder weniger aktiviert. Wird ein Begriff aktiviert, z. B. beim Lesen, dann breitet sich diese Aktivation auch auf die mit dem Begriff assoziierten anderen Begriffe (Knoten) aus. Das heißt, durch die Aktivierung eines Begriffs werden auch andere Begriffe (vor-)aktiviert. In diesem Fall spricht man dann auch von semantischem Priming.

Eine bewährte Methode zur Untersuchung solcher Primingeffekte ist die sog. lexikalische Entscheidungsaufgabe (LDT; Meyer und Schvaneveldt 1971). Dabei werden den Versuchspersonen zentral auf einem Computerbildschirm entweder Wörter (z. B. Haus, Kind) oder ein sinnloser Buchstabensalat dargeboten (z. B. Hurbat, Dinktor). Die Aufgabe ist ganz einfach. Es geht darum, so schnell und korrekt wie möglich zu entscheiden, ob es sich bei dem Zielreiz („target") um ein Wort handelt oder nicht. Die Versuchspersonen sehen aber noch etwas anderes. An gleicher Stelle, an dem der Zielreiz präsentiert wird, wird kurz zuvor noch ein anders Wort („prime") für kurze Zeit (z. B. 100 Millisekunden) eingeblendet, auf den jedoch nicht reagiert werden soll. Dieser Prime kann nun in einer inhaltlichen Beziehung zu dem Zielreiz stehen (z. B. wegen einer semantischen Assoziation) oder nicht. Eine Prime-Target-Paarung mit inhaltlicher Nähe könnte z. B. sein „Auto" (Prime) und „Blinker" (Target), während „Haus" (Prime) und „Blinker" (Target) keinerlei semantische Verbindung aufweisen. Gemessen wird, wie schnell die Versuchspersonen die lexikalische Entscheidung (Wort vs. Nichtwort) treffen. Dabei zeigt sich über einige hundert Durchgänge, dass die Zeit bei assoziierten Prime-Target-Paaren im Durchschnitt um einige Millisekunden (z. B. 20 Millisekunden) kürzer ausfällt als bei semantisch unverbundenen Prime-Target-Paaren. Dieser Befund, der sich selbst dann einstellt, wenn der Prime aufgrund der extrem kurzen Darbietungsdauer (30 Millisekunden) gar nicht mehr bewusst wahrnehmbar ist (*subliminales Priming*; Naccache und Dehaene 2001; Draine und Greenwald 1998), wird als starker Beleg für die Idee der semantischen Aktivationsausbreitung angesehen.

Mit der Untersuchung von Primingeffekten hat sich eine Vielzahl von Forschungsprogrammen beschäftigt, die zu äußerst fruchtbaren Erkenntnissen über ganz verschiedene kognitive Prozesse geführt haben, deren Darstellung unseren Rahmen sprengen würde (eine Übersicht gibt Neely 1991). Besonders zu erwähnen ist der sog. negative Primingeffekt

Aktivationsausbreitung

Lexikalische Entscheidungsaufgabe

Negatives Priming und Verhaltenspriming

6

(Neill 1977; Tipper 1985; ein Update zu aktuellen Theorien und Befunden findet sich bei Frings et al. 2015), der gewissermaßen das Gegenstück zum herkömmlichen Primingeffekt darstellt. Führt nämlich das klassische Priming durch eine Voraktivierung zu einer anschließend beschleunigten und einfacheren Verarbeitung des in Frage stehenden Reizes, führt das negative Priming zu einer verzögerten Reaktion auf den Zielreiz. Dies hat man in experimentellen Anordnungen untersucht, in denen ein Reiz in einem Durchgang zunächst zu ignorieren war, im anschließenden Durchgang jedoch eine Reaktion des Versuchsteilnehmers erforderte. Primingeffekte wurden zudem nicht nur zur Analyse kognitiver Prozesse eingesetzt, sondern in den letzten Jahren verstärkt auch im Sinne eines Verhaltensprimings zur Anbahnung komplexerer Verhaltensweisen, insbesondere auch im Rahmen der sozialen Kognition. So konnte durch entsprechende Primingbedingungen unfreundliches Verhalten oder eine bessere Performanz in Leistungstests erreicht werden (ein Überblick dazu findet sich bei Dijksterhuis und Bargh 2001). Allerdings reichen dann zur Erklärung dieser Phänomene semantische Netzwerke nicht mehr aus.

6.5 Lernen und Vergessen

Primacy und Recency Effect

Wie wir schon bei der Betrachtung der Gedächtnissysteme festgehalten haben, „wandern" Reizinformationen offensichtlich vom sensorischen Speicher über das Kurzzeitgedächtnis bis ins Langzeitgedächtnis. Aber nicht alle Reize bzw. Informationen werden am Ende im Langzeitgedächtnis gespeichert. Vieles wird vergessen oder verliert sich auf dem Weg dorthin. Schon Ebbinghaus (1885) hat dazu einige interessante Beobachtungen geliefert. So konnte er beispielsweise zeigen, dass jede quantitative Zunahme des Lernstoffes nicht etwa linear, sondern mit einer immer größer werdenden Steigerung der Lernzeit einhergeht (Gesetz von Ebbinghaus). Auch fiel ihm auf, dass es beim Lernen einer Liste auf die Position des Elements ankam, wie gut es erinnert wird (serielle Positionseffekte). So zeigt sich, dass Elemente zu Beginn („primacy effect") und zum Ende der Liste („recency effect") besonders gut abgerufen werden können (Murdock 1962). Ebbinghaus stellte auch fest, dass es effektiver ist, den Lernstoff in Häppchen zu lernen (verteiltes Lernen), anstatt ihn sich auf einmal einprägen zu wollen (massiertes Lernen). Hedwig von Restorff (1933) beobachtete, dass andersartige Elemente in einer Reihe gleicher Elemente schneller und besser gelernt werden (Von-Restorff-Effekt). Diese Beobachtungen belegen, dass Lernen keinesfalls ein einfacher Prozess ist, sondern dass viele Faktoren eine Rolle spielen, damit wir uns etwas einprägen können, bzw. wir es wieder vergessen. Mittlerweile gibt es zahlreiche Hinweise darüber, welche

Umstände sich besonders günstig auf das Lernen auswirken und was für Vergessen verantwortlich zu sein scheint.

> **Blick in die Praxis: Warum Schlafen gerade auch beim Lernen wichtig ist**
>
> Das ist einmal eine gute Nachricht. Wir lernen tatsächlich im Schlaf! Genauer gesagt, verbessert sich die Erinnerungsleistung, wenn wir nach der Lernperiode schlafen dürfen (Jenkins und Dallenbach 1924; zum Überblick s. Walker und Stickgold 2004; ◘ Abb. 6.5). Dies wurde sowohl für das deklarative Gedächtnis (z. B. Gais und Born 2004) als auch das prozedurale Gedächtnis (z. B. Karni et al. 1994; Fischer et al. 2002) gezeigt. Allerdings scheinen unterschiedliche Schlafphasen für die Gedächtniskonsolidierung der beiden Gedächtnissysteme verantwortlich zu sein. Während im Tiefschlaf das deklarative Gedächtnis unterstützt wird, profitiert das prozedurale Gedächtnis von den REM-Schlafphasen ("rapid eye movement"). Der Hippocampus scheint dabei eine besondere Rolle bei der Übertragung und Integration neu erworbenen Wissens zu spielen (s. weiter dazu auch Marshall und Born 2007).

◘ **Abb. 6.5**   Wir lernen im Schlaf. (© Claudia Styrsky)

6

6.5.1 **Verarbeitungstiefe**

Ebbinghaus (1885) zeigte, dass die aufgewendete Gesamtzeit bedeutsam für den Lernerfolg ist. Auch das (leise oder laute) Wiederholen ("maintenance rehearsal"), etwa einer Telefonnummer, verbessert die Behaltensleistung (Atkinson und Shiffrin 1968). Entscheidend ist jedoch etwas anderes, wie Craik und Lockhart (1972) in einer sehr einflussreichen Arbeit dokumentierten, nämlich die Verarbeitungstiefe. Damit ist gemeint, wie bedeutungshaltig mit dem Lernstoff umgegangen wird. Es macht beispielsweise einen Unterschied, ob ich beim Betrachten einer Vokabelliste nur auf die Groß- und Kleinschreibung achte oder mir für jedes neu zu lernende Wort einen sinnvollen Satz überlege. Die Merkleistung wird im letzten Fall deutlich besser sein. Hyde und Jenkins (1973; s. auch Craik und Tulving 1975) wiesen solche Effekte auch im Laborexperiment nach. In ihren Studien sollten Versuchspersonen z. B. beurteilen, ob ein Wort einen bestimmten Buchstaben enthält (geringe Verarbeitungstiefe) oder wie häufig ein Wort im Sprachgebrauch vorkommt oder wie angenehm bzw. unangenehm ein Wort ist (hohe Verarbeitungstiefe). Anschließend zeigte sich eine deutlich bessere Erinnerungsleistung für Wörter, die tiefer verarbeitet werden mussten. Häufig wird Verarbeitungstiefe auch im Sinne der mentalen Anstrengung ("mental effort/cognitive effort") verstanden (z. B. Mitchell und Hunt 1989), d. h. je mehr wir mit dem Lernstoff „arbeiten", neue Assoziationen bilden oder den Stoff mit unserem vorhandenen Wissen integrieren, desto besser ist die Behaltensleistung.

Transferangemessenheit der Verarbeitung

Das Konzept der „Verarbeitungstiefe", wie von Craik und Lockhart (1972) formuliert, ist allerdings nicht ganz unproblematisch. Zum einen fehlt es an messbaren und von der Erinnerungsleistung unabhängigen Kriterien für die Verarbeitungstiefe (Nelson 1977; Eysenck 1978). Ob also tief verarbeitet wurde, wird über die Erinnerungsleistung gemessen, was aber ja eigentlich Folge der Verarbeitungstiefe sein sollte. Die Katze beißt sich hier also in den Schwanz. Zum anderen wird ausschließlich die Lernphase (Enkodierung) betrachtet, nicht jedoch die Abrufprozesse. Dass diese jedoch für die Leistung wesentlich sind, belegen die Studien von Morris et al. (1977). Auch sie gaben ihren Versuchspersonen unterschiedliche Aufgaben vor, mit denen die Verarbeitungstiefe manipuliert wurde. Eine Gruppe sollte angeben, ob ein Wort in einen Satzzusammenhang passt (semantische Verarbeitung = hohe Verarbeitungstiefe), eine andere Gruppe, ob sich das Wort mit einem anderen reimt (phonologische Verarbeitung = niedrige Verarbeitungstiefe). Zunächst findet sich auch hier der typische Effekt, nämlich bessere Erinnerung nach semantischer Verarbeitung. Wurde jedoch eine andere Erinnerungsvariante eingesetzt, bei der die Versuchspersonen angeben sollten, ob sich ein Wort auf ein Wort aus der Lernphase reimt, dann war die phonologische Verarbeitung der semantischen überlegen. Das widerspricht jedoch den Vorstellungen von der Relevanz der Verarbeitungstiefe. Offensichtlich, das wurde später dann auch von Craik und Lockhart (1990) so gesehen, ist nicht allein die Verarbeitungstiefe in der Lernphase wichtig, sondern auch die Ähnlichkeit zwischen Enkodier- und Abrufprozessen. Morris et al. (1977) sprechen in dem Zusammenhang von „Transferangemessenheit der Verarbeitung" (Transfer Appropriate Processing). Wir sollten daher am besten so lernen und die Kriterien beachten, die wir später auch wieder erinnern möchten. Die Bedeutsamkeit von ähnlichen oder gleichen Lern- und Abrufprozessen wird nicht zuletzt durch das Prinzip der Enkodierungsspezifität verdeutlicht.

> **Blick in die Praxis: Lernen mit Fernsehen?**
> Auch als Dozent steht man häufig vor der Frage, welche Form der Wissensvermittlung wohl die geeignete ist. Immer nur Vortragen ist für alle Beteiligten mühsam. Gleiches gilt für das Literaturstudium. Fachartikel lesen ist alles andere als einfach. Zum Glück gibt es ja Filme und Dokumentationen, die man zur Auflockerung des Unterrichts einsetzen kann. Aber wird dabei auch gelernt? Das hängt wohl davon ab, wie man die Filme einsetzt. Einfach nur konsumieren ist keine gute Idee. Allein schon die Ankündigung, einen Film anzusehen, führt häufig dazu, dass die Schüler oder Studierenden innerlich abschalten und sich nur „berieseln" lassen (Salomon 1984). Keine guten Voraussetzungen für Lernprozesse. Stattdessen kann es bereits hilfreich sein, den Film entsprechend einzuleiten und z. B. Fragen zu formulieren, die es anschließend zu beantworten gilt, um eine tiefere Verarbeitung der Inhalte zu bewerkstelligen. Auch das parallele Ausfüllen eines Arbeitsblattes kann hier zur Steigerung des mentalen Aufwands und damit zu besseren Lernergebnissen beitragen.

6.5.2 Kontext

Wenn wir lernen, dann geschieht dies immer in einem bestimmten Kontext. So haben Sie die ersten Kapitel dieses Lehrbuches vielleicht an Ihrem Schreibtisch oder auf dem Sofa gelesen und dabei Radio gehört. Während Sie das Buch aufmerksam lesen und sich das eine oder andere merken, verarbeiten Sie auch nebenbei einige Kontextinformationen mit,

Enkodierungsspezifität

6

die sich dann in Ihre Erinnerungen an den Lerninhalt gewissermaßen einschleichen. Das erkennen wir dann, wenn wir uns beim Erinnern nicht nur an den Inhalt des Stoffes, sondern eben auch an die Umstände erinnern, also wo, wann und wie wir gelernt haben. Umgekehrt kann es sein, dass wir beim Vorliegen entsprechender Kontextinformationen, z. B. wenn gerade wieder das eine Lied im Radio gespielt wird, das wir beim Lernen gehört haben, an den Inhalt des Buches denken. Der Kontext dient in diesem Fall als Abrufhilfe für gespeicherte Informationen. Das Phänomen der *Enkodierungsspezifität* (z. B. Tulving und Thomson 1973) konnte in zahlreichen Experimenten und nicht nur im Labor belegt werden. Godden und Baddeley (1975) ließen z. B. Taucher Wortlisten entweder unter Wasser oder an Land lernen. Später wurde dann ebenfalls in beiden Kontexten die Erinnerungsleistung getestet. Dabei stellte sich heraus, dass die Erinnerungsleistung jeweils dann besser ausfiel, wenn Lern- und Abrufkontext identisch waren. Solche Kontexteffekte lassen sich aber nicht nur für externe Kontexte belegen, sondern auch für „interne Kontexte", also etwa für Stimmungen (Bower 1981) oder auch bei Zuständen nach der Einnahme psychotroper Substanzen wie z. B. Marihuana (Eich et al. 1975), Alkohol (Goodwin et al. 1969) oder Zigaretten (Peters und McGee 1982). Allgemein können wir hier also von zustandsabhängigem Lernen ausgehen („state dependend learning"; z. B. Overton 1966).

Blick in die Praxis: Zurück zum Ort des Geschehens

Kontexteffekte sind uns in unserem Alltag allgegenwärtig. Wenn wir nach langer Zeit wieder einmal nach Hause fahren, dann erinnern wir uns an Geschehnisse, an die wir schon lange Zeit nicht gedacht haben (Enkodierungsspezifität). Und wenn wir uns mal wieder mit einem Freund oder einer Freundin streiten, dann fällt uns womöglich der letzte Streit wieder ein, den wir schon längst vergessen hatten (zustandsabhängiges Lernen). Solche Effekte kann man aber auch ganz gezielt nutzen, um seine Erinnerungen aufzufrischen. Das ist etwa in kriminologischen Zusammenhängen bedeutsam (z. B. Maass und Brigham 1982), wenn es darum geht, der Erinnerung von Zeugen oder Tätern auf die Sprünge zu helfen. Befunde deuten darauf hin, dass davon v. a. Erinnerungen für periphere, scheinbar „nebensächliche" Dinge profitieren (z. B. Brown 2003a). Interessanterweise müssen wir dazu noch nicht einmal wirklich an den Ort des Geschehens zurückkehren, sich das vorzustellen, kann schon ausreichen (Smith 1979). Und das gilt natürlich auch für harmlose Situationen. Denken Sie bei der nächsten Klausur daran, wenn Ihnen etwas nicht einfällt, was Sie zu Hause doch noch wussten. Erinnern Sie sich an den Kontext, in dem Sie auf Ihr Wissen zugreifen konnten. Vielleicht hilft es ja.

6.5.3 Interferenz

Kann uns der Kontext manchmal helfen, an bestimmte Gedächtnisinhalte zu gelangen, so gibt es aber auch Situationen, in denen der Zugang zu unseren Erinnerungen verschlossen bleibt. Das kann z. B. passieren, wenn wir uns partout nicht an unsere neue Telefonnummer erinnern können, die alte Nummer fällt uns dagegen sofort ein. Mehr noch, sie stört uns regelrecht bei der Suche nach der neuen Nummer. In diesem Fall, wenn also alte Informationen das Abrufen neuer Informationen behindert, sprechen wir auch von *proaktiver Interferenz*. Im umgekehrten Fall, wenn neue Informationen das Abrufen alter Informationen stört, sprechen wir von *retroaktiver Interferenz*. Je ähnlicher sich dabei die Informationen sind, umso stärker beeinflussen sie sich gegenseitig (Von-Restorff-Effekt), was auch als Grund für den Primacy Effect angenommen wird (Underwood 1957). Es sei noch darauf hingewiesen, dass Interferenz sowohl bei der Enkodierung als auch beim Abruf eine Rolle spielen kann.

Proaktive und retroaktive Interferenz

> **Blick in die Praxis: Optimale Lernbedingungen**
> Angesichts der bisher dargestellten Erkenntnisse lassen sich einige Tipps zusammenfassen, unter welchen Bedingungen man z. B. für eine Klausur gut lernen kann. Zunächst sollte man sich nicht zu viel neuen Lernstoff vornehmen, da sich zum einen der Aufwand zum Behalten dramatisch steigert, zum anderen Interferenzeffekte zunehmend stören können. Auch ist es ratsam, nicht für zwei Klausuren gleichzeitig zu lernen, weil auch hier die Gefahr von Interferenz besteht (sowohl pro- als auch retroaktiv). Um Effekte der Enkodierungsspezifität bzw. des zustandsabhängigen Lernens auszunutzen, ist es ratsam, für relativ gleiche Bedingungen beim Lernen und Abrufen zu sorgen, z. B. in dem man während der Lernzeit auf andere Aktivitäten verzichtet. Beim Abruf kann es zudem hilfreich sein, sich an den Lernkontext zu erinnern, um möglichst viele Informationen erinnern zu können. Um die Verarbeitungstiefe zu erhöhen, ist es zudem ratsam, den Lernstoff nicht einfach nur still „vor sich hin zu denken", sondern damit aktiv umzugehen, z. B. indem man Fragen dazu stellt und beantwortet. Das gelingt besonders

gut, wenn man mit einer anderen Person zusammen lernt und man sich so gegenseitig mit immer neuen Fragen überraschen kann. Außerdem steigert das ganz nebenbei den Spaß beim Lernen. Und das Beste kommt zum Schluss: Sorgen Sie nach dem Lernen für ausreichend guten Schlaf, damit sich das Gelernte auch gut im Gedächtnis setzen kann.

6.5.4 Vergessen

Vergessen hat viele Gründe

Leider merken wir uns nicht alles, was wir gelernt haben. Bei manchen Dingen dagegen sind wir womöglich ganz froh, dass wir sie vergessen haben. Aber was bedeutet eigentlich Vergessen? Sind die Informationen wirklich weg (Loftus und Loftus 1980) oder können wir einfach nicht mehr auf das vorhandene Wissen zugreifen (Tulving 1974)? Diese Frage lässt sich nach dem gegenwärtigen Stand der Forschung nicht endgültig beantworten (Wixted 2004). Und solange das so ist, gehen wir pragmatisch davon aus, dass das, was wir im Alltag als Vergessen erleben, vermutlich verschiedene Gründe haben wird und unterschiedliche Prozesse beschreibt. Einige Informationen, die wir verarbeiten, werden vermutlich erst gar nicht richtig abgelegt, andere Gedächtnisspuren zerfallen vermutlich („decay"), wieder andere Informationen sind zwar gespeichert, aber aktuell unzugänglich. Nicht zuletzt mögen motivationale Prozesse eine bedeutsame Rolle dabei spielen, ob und ggf. an welche Informationen wir uns später noch erinnern können (z. B. Weiner 1968).

Anterograde und retrograde Amnesie

Eine besondere Form eines Erinnerungsverlustes stellen Amnesien dar. Sie können durch hirnphysiologische Schädigungen, etwa in Folge von Unfällen, chirurgischen Eingriffen aber auch durch Alkoholmissbrauch oder in Zusammenhang mit einer posttraumatischen Belastungsstörung entstehen (Nyberg 2005). *Anterograde Amnesie* bezeichnet dabei die Unfähigkeit, neues Wissen zu speichern bzw. abzurufen. Bei einer *retrograden Amnesie* sind dagegen Informationen kurz vor der Schädigung unzugänglich. Amnesien betreffen also in erster Linie Inhalte des episodischen Gedächtnisses, das semantische Gedächtnis bleibt dagegen weitestgehend intakt (weiterführend s. Markowitsch 2007; Stern 1981).

Quellengedächtnis

Auch das sog. Quellengedächtnis scheint von Amnesien betroffen zu sein (vgl. Johnson et al. 1993). Das Quellengedächtnis bezeichnet allgemein das Wissen, wann und woher man ein Wissen erworben hat. Häufig erinnern wir uns zwar an bestimmte Fakten, wissen aber nicht mehr, woher wir diese haben. Manchmal können wir die Informationsquellen aber noch rekonstruieren, indem wir unser Wissen über unser Gedächtnis

(Metagedächtnis/Metakognition; Dunlosky und Metcalfe 2009) nutzen. Das Wissen um die Enkodierspezifität kann hier beispielsweise hilfreich sein. Das Quellengedächtnis wird darüber hinaus und neben vielen anderen Faktoren auch im Zusammenhang mit Déjà-vu-Erlebnissen diskutiert. So könnte es sein, dass wir dann ein solches Déjà-vu erleben, wenn uns bestimmte Kontextmerkmale vertraut erscheinen, wir aber nicht wissen, woher wir sie zu kennen meinen (Brown 2003a).

Blick in die Praxis: Alles nur Gerüchte!
War da nicht mal was zwischen Brad Pitt und Jennifer Lopez? Sie kennen das. Manchmal hat man das Gefühl, etwas zu wissen oder erfahren zu haben, nur kann man sich einfach nicht mehr genau daran erinnern, wann man das erfahren hat oder woher man das weiß. In diesen Fällen haben wir also einen Inhalt gemerkt, aber nicht die Quelle. Das ist insofern wichtig, als dass die Glaubwürdigkeit einer Information nicht zuletzt davon abhängt, woher wir sie erhalten haben. Aber was, wenn wir vergessen, woher wir die Information haben? Es könnte z. B. sein, dass wir die Sensationsmeldung einer Boulevardzeitung zunächst mit einem Achselzucken abtun, und uns dabei höchstens denken, was die mal wieder zu berichten haben. Ein paar Monate später erinnern wir uns jedoch nur noch an die ursprünglich unglaubwürdige Meldung, finden sie jetzt allerdings durchaus glaubwürdig, weil wir die Informationsquelle schon längst vergessen haben (Hovland und Weiss 1951).

6.6 Merktechniken

Wer gerne Unterhaltungsshows im Fernsehen schaut, der hat vielleicht schon einmal eines dieser Gedächtnisgenies gesehen. Es gibt Personen, die scheinbar über ein übermenschlich gutes Erinnerungsvermögen verfügen. Sie können sich zahlreiche, auch ganz neue Dinge merken und erstaunlich fehlerlos wiedergeben. Auch im Alltag begegnen uns „Gedächtnisexperten". Denken wir an Kellner, die sich viele Bestellungen mühelos merken können, oder an Schachspieler, die die Stellung der Figuren schon nach kurzer Zeit korrekt wiedergeben können (Chase und Simon 1973). Wie machen die das?

Zunächst lässt sich zeigen, dass sich unsere Gedächtnisspanne tatsächlich durch Übung beträchtlich erweitern lässt (Ericsson et al. 1980). Es kann die Methode des Chunkings, wie in ▶ Abschn. 6.2.2 beschrieben, genutzt werden, um die Merkfähigkeit zu erweitern. Es gibt aber auch Methoden, die das Langzeitgedächtnis betreffen (Mnemotechniken) und zu ler-

Visualisierung und Schlüsselworttechnik

6

nende Elemente so mit bereits vorhandenem Wissen assoziieren, sodass der Abruf später im wahrsten Sinne des Wortes zu einem „mentalen Spaziergang" wird (zum Überblick Mastropieri und Scruggs 2012). So mag es hilfreich sein, sich bestimmte Informationen zu visualisieren, sich also eine konkrete Szene mit dem Lerninhalt vorzustellen. Auch die Verwendung von Eselsbrücken (oder Schlüsselwörtern) ist ein wirkungsvolles Instrument gerade beim Sprachen lernen. Stellen wir uns z. B. vor, wir wollen das italienische Wort „parabrezza" (Windschutzscheibe) lernen. Ich muss bei diesem fürs Deutsche so untypische Wort an Paraglider denken. Das hilft aber zunächst nicht, es sei denn, ich stelle mir möglichst konkret eine Szene vor, bei der ein Paraglider auf mein Auto saust und mitten auf meiner Windschutzscheibe landet, die dann zu allem Elend auch noch zerbricht. Später wird mir diese „Geschichte" sicherlich helfen, wieder auf die Bedeutung des Wortes zu kommen, auch dann, wenn es mir spontan vielleicht nicht einfällt.

Method of Loci

Eine weitere bekannte Mnemotechnik ist die Methode der Orte („method of loci"). Sie funktioniert folgendermaßen: Stellen wir uns vor, wir möchten uns eine Reihe von Namen merken, z. B. die meiner neuen Kolleginnen und Kollegen. Sagen wir, es sind Alexander, Susanna, Tatiana, Sara, Lisel, Mirko, Federico, Leo, Christel, Annette, Willi, Friederike, Victor und Eleonore. Anstatt nun alle Namen auswendig zu lernen, könnten wir versuchen, uns einen Ort, einen Raum oder auch einen Weg vorzustellen, den wir bestens kennen, z. B. den Weg zur Arbeit. Dann machen wir uns auf den Weg und postieren die Namen und in dem Fall sogar noch besser die Gesichter (vielleicht die Person, wie sie ein Namensschild hochhält) an verschiedenen Punkten, an denen wir auf dem Weg zur Arbeit vorbeikommen werden. Alexander stellen wir beispielsweise an die Haustür, die wir beim Verlassen des Hauses schließen. Susanne postieren wir an die Bushaltestelle, Tatiana auf unseren Stammplatz im Bus etc. Statt alle Namen gleichzeitig zu lernen, müssen wir also nur eine Sequenz von paarweisen Assoziationen lernen. Wenn wir das erreicht haben, können wir später den Weg zur Arbeit in Gedanken entlang gehen und „nachsehen", wer an den verschiedenen Punkten auf uns wartet (◻ Abb. 6.6).

❓ Prüfungsfragen

1. Das Gedächtnis kann als Prozess oder Struktur beschrieben werden. Welche Prozesse und Strukturen lassen sich jeweils unterscheiden?
2. Erläutern Sie das Gedächtnismodell von Baddeley genauer. Gehen Sie dabei auf die einzelnen Strukturen und Prozesse näher ein.
3. Wie lässt sich anhand des Gedächtnismodells von Baddeley erklären, dass es uns schwerfällt, uns eine

◘ Abb. 6.6 Die Methode der Orte ist eine gute Merk- und Abrufhilfe. (© Claudia Styrsky)

Telefonnummer zu merken und gleichzeitig in 2er-Schritten von 100 rückwärts zu zählen?

4. Was ist der Unterschied zwischen dem deklarativen und nondeklarativen Gedächtnis?
5. Was versteht man unter dem Primacy und Recency Effect?
6. Welche gedächtnispsychologisch fundierten Tipps würden Sie geben, um das Lernen für Klausuren zu optimieren?
7. Was versteht man unter semantischem Priming? Wie lässt sich dieses Phänomen erklären? Welchen anwendungspraktischen Nutzen kann man daraus ableiten?
8. Was versteht man unter Enkodierspezifität? Welcher Tipp für Klausuren lässt sich davon ableiten?
9. Was versteht man unter Transferangemessenheit und welche praktischen Konsequenzen lassen sich daraus ableiten?
10. Was versteht man unter proaktiver und retroaktiver Interferenz?
11. Emil hatte einen Autounfall und kann sich nicht daran erinnern, was genau passiert ist. Wie nennt man dieses Phänomen?

12. Was versteht man unter dem Metagedächtnis und was können wir damit anfangen?
13. Erläutern Sie das Quellengedächtnis an einem Alltagsbeispiel.
14. „Es bleibt immer etwas hängen". Auf welches gedächtnispsychologische Phänomen könnte dieser Satz Bezug nehmen?
15. Was sind Mnemotechniken? Beschreiben Sie zwei davon genauer.

6

Zusammenfassung

- Das Gedächtnis ist ein hypothetisches Konstrukt.
- Mit Gedächtnis beschreiben wir die Prozesse der Enkodierung, Speicherung und des Abrufs.
- Es lassen sich verschiedene Gedächtnissysteme unterscheiden: sensorisches Gedächtnis (Ultrakurzzeitgedächtnis), Kurzzeitgedächtnis bzw. Arbeitsgedächtnis und Langzeitgedächtnis.
- Das visuelle sensorische Gedächtnis wird als ikonisches Gedächtnis bezeichnet.
- Das auditive sensorische Gedächtnis wird als echoisches Gedächtnis bezeichnet.
- Mit Gedächtnisspanne wird die Menge an Informationen bezeichnet, die im Kurzzeitgedächtnis behalten werden kann.
- Die Gedächtnisspanne umfasst allgemein 7 plus minus 2 Informationseinheiten („chunks").
- Der Begriff „Arbeitsgedächtnis" wird heute für das Kurzzeitgedächtnis präferiert, weil in diesem Speicher nicht nur Informationen aufbewahrt werden, sondern damit auch operiert wird.
- Die phonologische Schleife („phonological loop") ist für die Aufrechterhaltung verbaler und akustischer Informationen zuständig.
- Der visuell-räumliche Notizblock („visual-spatial sketchpad") bewahrt visuell-räumliche Informationen auf.
- Mit „zentrale Exekutive" („central executive") wird die übergeordnete Kontrollfunktion im Arbeitsgedächtnis bezeichnet.
- Das Langzeitgedächtnis (LZG) umfasst unser Wissen von der Welt.
- Im LZG wird zwischen deklarativem Gedächtnis und nondeklarativem Gedächtnis unterschieden.
- Das deklarative Gedächtnis umfasst verbalisierbares Faktenwissen und unser episodisches sowie autobiografisches Wissen.
- Das nondeklarativen Gedächtnis umfasst prozedurales und assoziatives Wissen.

- Informationen können visuell oder auditiv gespeichert werden.
- Nach dem Embodiment-Ansatz („grounded cognition") werden alle Sinnesdaten sinnlich abgelegt.
- Unser Wissen ist im Langzeitgedächtnis hierarchisch und in Form von assoziativen Netzwerken strukturiert.
- Mit Priming wird die Voraktivierung von Netzwerkknoten bezeichnet.
- Der Prozess der Aktivationsausbreitung wird zur Erklärung des semantischen Primingeffekts herangezogen.
- Als Primacy Effect wird die Beobachtung beschrieben, dass wir Elemente zu Beginn einer Lerneinheit besonders gut erinnern.
- Als Recency Effect wird die Beobachtung beschrieben, dass wir Elemente am Ende einer Lerneinheit besonders gut erinnern.
- Für die Behaltensleistung wesentlich ist v. a., wie sehr wir den neuen Lernstoff mit dem bereits vorhandenen Wissen verknüpfen (Verarbeitungstiefe).
- Die Erinnerungsqualität hängt auch von der Übereinstimmung zwischen den Anforderungen der Lern- und Abrufphase ab (Transferangemessenheit).
- Mit Enkodierungsspezifität wird der Umstand beschrieben, dass wir beim Lernen stets auch Kontextinformationen mitlernen, die dann später als Abrufhilfe genutzt werden können.
- Retroaktive Interferenz bezeichnet den Effekt, dass neue Informationen das Abrufen alter Informationen behindert.
- Proaktive Interferenz bezeichnet den Effekt, dass alte Informationen das Abrufen neuer Informationen behindert.
- Vergessen kann verschiedene Ursachen haben, etwa Zerfall gespeicherten Wissens oder lediglich die Nichtzugänglichkeit von Wissen beschreiben.
- Mit anterograder Amnesie bezeichnet man die Unfähigkeit, nach einem Schädigungsereignis neues Wissen zu speichern.
- Mit retrograder Amnesie bezeichnet man die Unfähigkeit, an bestehendes Wissen vor einem Schädigungsereignis zu gelangen.
- Mit Quellengedächtnis bezeichnet man das Wissen, wann und woher man ein Wissen erworben hat.
- Wissen über unser Gedächtnis bezeichnet man als Metagedächtnis bzw. Metakognition.
- Mnemotechniken sind Merktechniken zum langfristigen Behalten.

6

Schlüsselbegriffe

Abruf, Aktivationsausbreitung, anterograde Amnesie, Arbeitsgedächtnis, deklaratives Gedächtnis, echoisches Gedächtnis, Embodiment, Enkodierung, Enkodierungsspezifität, episodisches Gedächtnis, Gedächtnisspanne, Grounded Cognition, ikonisches Gedächtnis, Kurzzeitgedächtnis, Langzeitgedächtnis, lexikalische Entscheidungsaufgabe, mentale Anstrengung, Metakognition, Metagedächtnis, Method of Loci, Mnemotechniken, nondeklaratives Gedächtnis, phonologische Schleife, Primacy Effect, Priming, proaktive Interferenz, prozedurales Gedächtnis, Quellengedächtnis, Recency Effect, retroaktive Interferenz, retrograde Amnesie, sensorisches Gedächtnis, Speicherung, Transferangemessenheit, Ultrakurzzeitgedächtnis, Verarbeitungstiefe, Vergessen, visuell-räumliche Notizblock, zentrale Exekutive.

Literatur

Anderson, J. R. (1983). A spreading activation theory of memory. *Journal of Verbal Learning and Verbal Behavior, 22*(3), 261–295.

Anderson, J. R., & Bower, G. H. (1974). A propositional theory of recognition. *Memory & Cognition, 2*(3), 406–412.

Atkinson, R. C., & Shiffrin, R. M. (1968). Human memory: A proposed system and its control processes. In K. W. Spence & J. T. Spence (Hrsg.), *Psychology of learning and motivation* (Bd. 2, S. 89–195). New York: Academic.

Baddeley, A., Allen, R. J., & Hitch, G. J. (2010). Investigating the episodic buffer. *Psychologica Belgica, 50*(3-4), 223–243.

Baddeley, A. D. (1966). Short-term memory for word sequences as a function of acoustic, semantic and formal similarity. *Quarterly Journal of Experimental Psychology, 18*(4), 362–365.

Baddeley, A. D. (2000a). The episodic buffer: A new component of working memory? *Trends in Cognitive Sciences, 4*(11), 417–423.

Baddeley, A. D. (2000b). The phonological loop and the irrelevant speech effect: Some comments on Neath (2000). *Psychonomic Bulletin & Review, 7*(3), 544–549.

Baddeley, A. D., & Hitch, G. (1974). Working memory. In G. H. Bower (Hrsg.), *Psychology of learning and motivation* (Bd. 8, S. 47–89). New York: Academic.

Baddeley, A. D., Thomson, N., & Buchanan, M. (1975). Word length and the structure of short-term memory. *Journal of Verbal Learning and Verbal Behavior, 14*(6), 575–589.

Baddeley, A. D., Allen, R. J., & Hitch, G. J. (2011). Binding in visual working memory: The role of the episodic buffer. *Neuropsychologia, 49*(6), 1393–1400.

Barsalou, L. W. (2008). Grounded cognition. *Annual Review of Psychology, 59*, 617–645.

Bower, G. H. (1981). Mood and memory. *American Psychologist, 36*(2), 129–148.

Brady, T. F., Konkle, T., Alvarez, G. A., & Oliva, A. (2008). Visual long-term memory has a massive storage capacity for object details. *Proceedings of the National Academy of Sciences, 105*(38), 14325–14329.

Bransford, J. D., & Franks, J. J. (1971). The abstraction of linguistic ideas. *Cognitive Psychology, 2*(4), 331–350.

Brett, E. A., & Ostroff, R. (1985). Imagery and posttraumatic stress disorder: An overview. *The American Journal of Psychiatry, 142*(4), 417–424.

Brown, A. S. (2003b). A review of the déjà vu experience. *Psychological Bulletin, 129*(3), 394–413.

Brown, J. M. (2003a). Eyewitness memory for arousing events: Putting things into context. *Applied Cognitive Psychology, 17*(1), 93–106.

Bryant, R. A., & Harvey, A. G. (1996). Visual imagery in posttraumatic stress disorder. *Journal of Traumatic Stress, 9*(3), 613–619.

Butler, A. C., Chapman, J. E., Forman, E. M., & Beck, A. T. (2006). The empirical status of cognitive-behavioral therapy: A review of meta-analyses. *Clinical Psychology Review, 26*(1), 17–31.

Chase, W. G., & Simon, H. A. (1973). Perception in chess. *Cognitive Psychology, 4*(1), 55–81.

Cohen, M. A., Horowitz, T. S., & Wolfe, J. M. (2009). Auditory recognition memory is inferior to visual recognition memory. *Proceedings of the National Academy of Sciences, 106*(14), 6008–6010.

Collins, A. M., & Loftus, E. F. (1975). A spreading-activation theory of semantic processing. *Psychological Review, 82*(6), 407–428.

Collins, A. M., & Quillian, M. R. (1969). Retrieval time from semantic memory. *Journal of Verbal Learning and Verbal Behavior, 8*(2), 240–247.

Coltheart, M. (1980). Iconic memory and visible persistence. *Perception & Psychophysics, 27*(3), 183–228.

Conrad, R., & Hull, A. J. (1964). Information, acoustic confusion and memory span. *British Journal of Psychology, 55*(4), 429–432.

Cowan, N. (1984). On short and long auditory stores. *Psychological Bulletin, 96*(2), 341–370.

Cowan, N. (1995). *Attention and memory: An integrated framework.* New York: Oxford University Press.

Cowan, N. (1999). An embedded-processes model of working memory. In A. Miyake & P. Shah (Hrsg.), *Models of working memory: Mechanisms of active maintenance and executive control* (S. 62–101). Cambridge: Cambridge University Press.

Cowan, N. (2001). The magical number 4 in short-term memory: A reconsideration of mental storage capacity. *Behavioral and Brain Sciences, 24*(1), 87–114.

Craik, F. I. M., & Lockhart, R. S. (1972). Levels of processing: A framework for memory research. *Journal of Verbal Learning and Verbal Behavior, 11*(6), 671–684.

Craik, F. I. M., & Robert S. Lockhart. (1990) Levels of processing: A retrospective commentary on a framework for memory research. *Canadian Journal of Psychology 44*(1), 87–112.

Craik, F. I. M., & Tulving, E. (1975). Depth of processing and the retention of words in episodic memory. *Journal of Experimental Psychology: General, 104*(3), 268–294.

Damasio, A. (2011). *Selbst ist der Mensch. Körper, Geist und die Entstehung des menschlichen Bewusstseins.* München: Siedler.

Dijksterhuis, A., & Bargh, J. A. (2001). The perception-behavior expressway: Automatic effects of social perception on social behavior. *Advances in Experimental Social Psychology, 33*, 1–40.

Draine, S. C., & Greenwald, A. G. (1998). Replicable unconscious semantic priming. *Journal of Experimental Psychology: General, 127*(3), 286–303.

Dunlosky, J., & Metcalfe, J. (2009). *Metacognition.* Thousand Oaks: Sage.

Ebbinghaus, H. (1885). *Über das Gedächtnis.* Leipzig: Von Duncker & Humblot.

6

Eich, J. E., Weingartner, H., Stillman, R. C., & Gillin, J. C. (1975). State-dependent accessibility of retrieval cues in the retention of a categorized list. *Journal of Verbal Learning and Verbal Behavior, 14*(4), 408–417.

Ellis, N. C., & Hennelly, R. A. (1980). A bilingual word-length effect: Implications for intelligence testing and the relative ease of mental calculation in Welsh and English. *British Journal of Psychology, 71*(1), 43–51.

Ericsson, K. A., Chase, W. G., & Faloon, S. (1980). Acquisition of a memory skill. *Science, 208*, 1181–1182.

Eysenck, M. W. (1978). Levels of processing: A critique. *British Journal of Psychology, 69*(2), 157–169.

Fischer, S., Hallschmid, M., Elsner, A. L., & Born, J. (2002). Sleep forms memory for finger skills. *Proceedings of the National Academy of Sciences of the United States of America, 99*, 11987–11991.

Frings, C., Schneider, K. K., & Fox, E. (2015). The negative priming paradigm: An update and implications for selective attention. *Psychonomic Bulletin & Review, 22*(6), 1577–1597.

Gais, S., & Born, J. (2004). Declarative memory consolidation: Mechanisms acting during human sleep. *Learning & Memory, 11*(6), 679–685.

Gerardi, M., Cukor, J., Difede, J., Rizzo, A., & Rothbaum, B. O. (2010). Virtual reality exposure therapy for post-traumatic stress disorder and other anxiety disorders. *Current Psychiatry Reports, 12*(4), 298–305.

Godden, D. R., & Baddeley, A. D. (1975). Context-dependent memory in two natural environments: On land and underwater. *British Journal of Psychology, 66*(3), 325–331.

Goodwin, D. W., Powell, B., Bremer, D., Hoine, H., & Stern, J. (1969). Alcohol and recall: State-dependent effects in man. *Science, 163*(3873), 1358–1360.

Graf, P., & Schacter, D. L. (1985). Implicit and explicit memory for new associations in normal and amnesic subjects. *Journal of Experimental Psychology: Learning, Memory, and Cognition, 11*(3), 501–518.

Hovland, C. I., & Weiss, W. (1951). The influence of source credibility on communication effectiveness. *Public Opinion Quarterly, 15*(4), 635–650.

Hyde, T. S., & Jenkins, J. J. (1973). Recall for words as a function of semantic, graphic, and syntactic orienting tasks. *Journal of Verbal Learning and Verbal Behavior, 12*(5), 471–480.

Jenkins, J. G., & Dallenbach, K. M. (1924). Obliviscence during sleep and waking. *The American Journal of Psychology, 35*(4), 605–612.

Johnson, M. K., Hashtroudi, S., & Lindsay, D. S. (1993). Source monitoring. *Psychological Bulletin, 114*(1), 3–28.

Kane, M. J., Bleckley, M. K., Conway, A. R. A., & Engle, R. W. (2001). A controlled-attention view of working-memory capacity. *Journal of Experimental Psychology: General, 130*(2), 169–183.

Karni, A., Tanne, D., Rubenstein, B. S., Askenasy, J. J. M., & Sagi, D. (1994). Dependence on REM sleep of overnight improvement of a perceptual skill. *Science, 265*(5172), 679–682.

Kintsch, W., & Buschke, H. (1969). Homophones and synonyms in short-term memory. *Journal of Experimental Psychology, 80*(3, Pt.1), 403–407.

Loftus, E. F., & Loftus, G. R. (1980). On the permanence of stored information in the human brain. *American Psychologist, 35*(5), 409–420.

Logie, R. H., Del Sala, S., Wynn, V., & Baddeley, A. D. (2000). Visual similarity effects in immediate verbal serial recall. *The Quarterly Journal of Experimental Psychology Section A, 53*(3), 626–646.

Lu, Z. L., Williamson, S. J., & Kaufman, L. (1992). Behavioral lifetime of human auditory sensory memory predicted by physiological measures. *Science, 258*(5088), 1668–1670.

Maass, A., & Brigham, J. C. (1982). Eyewitness identifications: The role of attention and encoding specificity. *Personality and Social Psychology Bulletin, 8*(1), 54–59.

Markowitsch, H. J. (2007). Amnesien. In F. Schneider & G. R. Fink (Hrsg.), *Funktionelle MRT in Psychiatrie und Neurologie* (S. 479–490). Heidelberg: Springer.

Marks, D. F. (1973). Visual imagery differences in the recall of pictures. *British Journal of Psychology, 64*(1), 17–24.

Marshall, L., & Born, J. (2007). The contribution of sleep to hippocampus-dependent memory consolidation. *Trends in Cognitive Sciences, 11*(10), 442–450.

Mastropieri, M. A., & Scruggs, T. E. (2012). Mnemotechnics and learning. In N. M. Seel (Hrsg.), *Encyclopedia of the sciences of learning* (S. 2289–2291). Boston: Springer.

Merikle, P. M. (1980). Selection from visual persistence by perceptual groups and category membership. *Journal of Experimental Psychology: General, 109*(3), 279–295.

Meyer, D. E., & Schvaneveldt, R. W. (1971). Facilitation in recognizing pairs of words: Evidence of a dependence between retrieval operations. *Journal of Experimental Psychology, 90*(2), 227–234.

Miller, G. A. (1956). The magical number seven, plus or minus two: Some limits on our capacity for processing information. *Psychological Review, 63*(2), 81–97.

Mitchell, D. B., & Hunt, R. R. (1989). How much „effort" should be devoted to memory? *Memory & Cognition, 17*(3), 337–348.

Morris, C. D., Bransford, J. D., & Franks, J. J. (1977). Levels of processing versus transfer appropriate processing. *Journal of Verbal Learning and Verbal Behavior, 16*(5), 519–533.

Murdock, B. B., Jr. (1962). The serial position effect of free recall. *Journal of Experimental Psychology, 64*(5), 482–488.

Naccache, L., & Dehaene, S. (2001). Unconscious semantic priming extends to novel unseen stimuli. *Cognition, 80*(3), 215–229.

Neely, J. H. (1991). Semantic priming effects in visual word recognition: A selective review of current findings and theories. In D. Besner & G. W. Humphreys (Hrsg.), *Basic processes in reading: Visual word recognition* (S. 265–335). Hillsdale: Lawrence Erlbaum Associates.

Neill, W. T. (1977). Inhibition and facilitation processes in selective attention. *Journal of Experimental Psychology: Human Perception and Performance, 3*, 444–450.

Nelson, T. O. (1977). Repetition and depth of processing. *Journal of Verbal Learning and Verbal Behavior, 16*(2), 151–171.

Nyberg, E. (2005). Die Posttraumatische Belastungsstörung (PTBS). *Psychoneuro, 31*(1), 25–29.

Overton, D. A. (1966). State-dependent learning produced by depressant and atropine-like drugs. *Psychopharmacologia, 10*, 6–31.

Paivio, A. (1971). *Imagery and verbal processes*. New York: Holt, Rinehard & Winston.

Paivio, A. (1986). *Mental representations: A dual-coding approach*. New York: Oxford University Press.

Peters, R., & McGee, R. (1982). Cigarette smoking and state-dependent memory. *Psychopharmacology, 76*(3), 232–235.

Prinz, W. (1984). Modes of linkage between perception and action. In W. Prinz & A.-F. Sanders (Hrsg.), *Cognition and motor processes* (S. 185–193). Berlin: Springer.

Reisberg, D., Heuer, F., Mclean, J., & O'shaughnessy, M. (1988). The quantity, not the quality, of affect predicts memory vividness. *Bulletin of the Psychonomic Society, 26*(2), 100–103.

von Restorff, H. (1933). Über die Wirkung von Bereichsbildungen im Spurenfeld. *Psychologische Forschung, 18*(1), 299–342.

Roediger, H. L. (1990). Implicit memory: Retention without remembering. *American Psychologist, 45*(9), 1043–1056.

Rubinstein, J. S., Meyer, D. E., & Evans, J. E. (2001). Executive control of cognitive processes in task switching. *Journal of Experimental Psychology: Human Perception and Performance, 27*(4), 763–797.

Salomon, G. (1984). Television is „easy" and print is „tough": The differential investment of mental effort in learning as a function of perceptions and attributions. *Journal of Educational Psychology, 76*(4), 647–658.

Shepard, R. N., & Metzler, J. (1971). Mental rotation of three-dimensional objects. *Science, 171*(3972), 701–703.

Smith, S. M. (1979). Remembering in and out of context. *Journal of Experimental Psychology: Human Learning and Memory, 5*(5), 460–471.

Sperling, G. (1960). The information available in brief visual presentations. *Psychological Monographs: General and Applied, 74*(11), 1–29.

Squire, L. R., Knowlton, B., & Musen, G. (1993). The structure and organization of memory. *Annual Review of Psychology, 44*, 453–495.

Standing, L. (1973). Learning 10000 pictures. *Quarterly Journal of Experimental Psychology, 25*(2), 207–222.

Stern, L. D. (1981). A review of theories of human amnesia. *Memory & Cognition, 9*(3), 247–262.

Sternberg, S. (1966). High-speed scanning in human memory. *Science, 153*(3736), 652–654.

Sternberg, S. (1969). Memory-scanning: Mental processes revealed by reaction-time experiments. *American Scientist, 57*(4), 421–457.

Tipper, S. P. (1985). The negative priming effect: Inhibitory priming by ignored objects. *The Quarterly Journal of Experimental Psychology Section A, 37*(4), 571–590.

Tulving, E. (1974). Cue-dependent forgetting. *American Scientist, 62*(1), 74–82.

Tulving, E., & Thomson, D. M. (1973). Encoding specificity and retrieval processes in episodic memory. *Psychological Review, 80*(5), 352–373.

Underwood, B. J. (1957). Interference and forgetting. *Psychological Review, 64*(1), 49–60.

Walker, M. P., & Stickgold, R. (2004). Sleep-dependent learning and memory consolidation. *Neuron, 44*, 121–133.

Weiner, B. (1968). Motivated forgetting and the study of repression. *Journal of Personality, 36*(2), 213–234.

Weiskrantz, L., & Warrington, E. K. (1970). Verbal learning and retention by amnesic patients using partial information. *Psychonomic Science, 20*(4), 210–211.

Wixted, J. T. (2004). The psychology and neuroscience of forgetting. *Annual Review of Psychology, 55*(1), 235–269.

Sprache und Denken

Inhaltsverzeichnis

Sprache

Inhaltsverzeichnis

© Springer-Verlag GmbH Deutschland, ein Teil von Springer Nature 2020
P. M. Bak, *Wahrnehmung, Gedächtnis, Sprache, Denken*, Angewandte Psychologie Kompakt,
https://doi.org/10.1007/978-3-662-61775-5_7

Lernziele

‑ Die Sprachbausteine kennen und unterscheiden können
‑ Verstehen, welche Prozesse beim Sprachverstehen ablaufen
‑ Verstehen, wie die Sprachproduktion erfolgt
‑ Die Phasen des Spracherwerbs beschreiben können

Einführung

Die Bedeutung der Sprache für die menschliche Entwicklung kann gar nicht genug betont werden. Erst die Sprache, mit ihrer ungeheuren Flexibilität und ihrem Bedeutungsreichtum, hat uns in die Lage versetzt, uns untereinander zu verständigen und unser Wissen und unsere Erfahrungen an die nachfolgenden Generationen weiterzugeben. Erst dadurch war es möglich, auf die Erfahrungen voriger Generationen zuzugreifen und dadurch immer mehr Wissen anzuhäufen und über Dinge nachzudenken, die es jetzt noch gar nicht gibt (Harari 2013). Unsere Sprache ist damit nicht nur die Keimzelle unseres sozialen Miteinanders, sondern auch unserer kulturellen Entwicklung oder um an dieser Stelle Ludwig Wittgenstein zu zitieren: „Die Grenzen meiner Sprache bedeuten die Grenzen meiner Welt." (Wittgenstein 1984, S. 67).

Aber was ist eigentlich Sprache? Der Philosoph Heinz von Foerster meint dazu, dass die Antwort darauf eigentlich sofort gegeben sein müsste, wenn denn die Frage gestellt wurde, denn „wie hätte die Frage gestellt werden können, wenn man nicht die Sprache beherrscht?" (von Foerster, 1993, S. 105). Von Foerster weist uns damit ganz zu Recht daraufhin, dass wir die Frage nach der Sprache sprachlich formulieren, wir die Sprache also zum Ausformulieren der Frage bereits verstehen und anwenden können. Allerdings hilft uns unser intuitives Anwenden der Sprache noch nicht, um das Wesen, die formale Struktur, die Entstehung oder den Spracherwerb zu erkennen, genauso wenig wie wir zwar ein Auto bedienen können, aber deswegen noch lange keine Ahnung davon haben müssen, wie das Auto eigentlich funktioniert. Die Sprache, ihre Bestandteile, Funktions- und Produktionsweisen, ihre mentale Repräsentation und ihre neurophysiologischen Grundlagen sind das Forschungsgebiet der Linguistik bzw. der Psycholinguistik, einem zwar noch recht jungen, dafür aber sehr einflussreichen Zweig der psychologischen Forschung (einen guten Überblick dazu geben Becker-Carus und Wendt 2017; Zwitserlood und Bölte 2017; Kaup und Dudschig 2017). Wir wollen uns hier auf die grundlegende Darstellung sprachlicher Merkmale, der Sprachproduktion, der Sprachentwicklung und der Bedeutung der Sprache für unser Erleben und Verhalten beschränken. Schauen wir zunächst auf die Bausteine der Sprache.

7.1 Sprachbausteine

Formal gesehen lassen sich in der Sprache verschiedene Grundbausteine unterscheiden (vgl. Chomsky 1957; s. dazu auch Becker-Carus und Wendt 2017). Als kleinste Einheit der gesprochenen Sprache lassen sich die Phoneme, also die Sprachlaute wie z. B. [a], [n], [k] oder [e] identifizieren. Die Phoneme selbst tragen noch keine Bedeutung, sie können aber in Morphemen, den Worteinheiten, zu Bedeutungsveränderungen führen. Das Phonem [m] kann aus der „Laus" eine „Maus" machen. In der geschriebenen Sprache werden die Phoneme durch die Grapheme symbolisiert. Beim Hörverstehen können wir aber in der Regel nicht eine Abfolge von mehreren Phonemen hören, sondern eher Phonemketten, also etwa ganze Wörter oder Wortsilben. Diese sog. Morpheme können als die kleinsten bedeutungshaltigen Grundbausteine aufgefasst werden. Wörter wiederum können als Namen für die durch sie bezeichneten Konzepte verstanden werden. So nennen wir das kleine Tierchen, welches sich gerne auf Kinderköpfen niederlässt, um dort seinen Schabernack zu treiben, „Laus". Mehrere Wörter wiederum werden zur Konstruktion ganzer Sätze oder Satzteile (Phrasen) genutzt, die unter Zuhilfenahme der Syntax (Satzlehre) zu bedeutungshaltigen Aussagen (Propositionen) zusammengefügt werden. Bei Sätzen können wir mit Chomsky (1965) auch noch zwischen ihrer Tiefenstruktur und Oberflächenstruktur unterscheiden, wobei Letzteres die konkrete Ausformulierung meint und Ersteres die Bedeutung, was darauf hinweist, dass ein und dasselbe auf verschiedene Arten und Weisen konkret ausgedrückt werden kann.

Phoneme, Morpheme, Grapheme, Propositionen

Propositionen sind v. a. deshalb so bedeutsam, weil es empirische Belege dafür gibt, dass wir sprachliche Sätze, die wir lesen oder hören, automatisch (gedanklich) in Propositionen zerlegen (Wilkes und Kennedy 1969) und in semantischen bzw. propositionalen Netzwerken speichern (Anderson und Bower 1974). Das heißt, wir speichern nicht die wortwörtliche Formulierung eines Satzes ab, sondern seine Bedeutung (Tiefenstruktur). Spätestens hier wird dann auch die zentrale Rolle der Sprache für unser Gedächtnis und unser Denken deutlich.

7.2 Sprachverstehen

Normalerweise geschieht das Verstehen der gesprochenen oder geschriebenen Sprache so mühelos und automatisch, dass uns gar nicht auffällt, welche enorme Leistung das eigentlich ist. Wenn wir Personen in einer fremden Sprache sprechen

hören, dann gelingt uns häufig noch nicht einmal, herauszufinden, welche Laute nun ein Wort ausmachen. Es sind nur
sinnlose Töne, die wir hören. Bei einer uns bekannten Sprache
kann man sich den Prozess des Sprachverstehens beim Hören
folgendermaßen vorstellen: Zunächst gelangen die gehörten
Laute (Phoneme) ins Arbeitsgedächtnis (phonologische
Schleife), in dem dann zur Identifikation die Verbindung zum
Langzeitgedächtnis (mentales Lexikon) und den dort gespeicherten Morphemen (Wörtern) bzw. zum propositionalen
Netzwerk hergestellt wird, sodass am Ende eine Bedeutungs-
zuschreibung erfolgen kann (ausführlich dazu s. Levelt 1989;
Zwitserlood und Bölte 2017).

Phoneme → Morpheme → Propositionen

Segmentierungsproblem   Ein Problem beim auditiven Sprachverstehen besteht darin,
die Wortgrenzen innerhalb einer kontinuierlichen Tonfolge zu
identifizieren (Segmentierungsproblem). In der geschriebenen
Sprache ist dies einfacher, weil die Wörter durch Leerzeichen
getrennt sind. Wie man sich den Prozess der Segmentierung
genau vorstellen kann, ob dazu akustische oder eher inhaltli-
che Merkmale eine Rolle spielen, ist nach wie vor nicht geklärt
(Zwitserlood und Bölte 2017). Eine Rolle spielt offensichtlich
hier das (rhythmische) Chunking (MacWhinney 2004), aber
auch Schlussfolgerungen auf Grundlage statistischer Wahr-
scheinlichkeiten über die Abfolge von Wortsegmenten (Saffran et al. 1996).

Variabilitätsproblem   Neben diesen Segmentierungsproblemen besteht eine weitere Schwierigkeit darin, dass ein und dasselbe Wort ganz
unterschiedlich ausgesprochen wird, z. B. in unterschiedlichen Lautstärken oder Dialekten. Auch werden manchmal
einzelne Phoneme „verschluckt" oder hinzugefügt. Insgesamt
besteht also eine sehr große Variabilität der Aussprache, was
den Hörer in der Regel aber kaum vor größere Probleme stellt
(Zwitserlood und Bölte 2017). Offensichtlich nutzen wir zum
einen Kontextinformationen zur Worterkennung, zum anderen greifen wir auf Informationen aus anderen, v. a. visuellen
Sinneskanälen zurück, um die Sprachlaute entsprechend zu
identifizieren (vgl. dazu das Lippenlesen, McGurk-Effekt,
s. ▶ Abschn. 4.5).

7.3 **Sprachproduktion**

Bei der Sprachproduktion verhält es sich umgekehrt. Wir haben einen Gedanken, eine Idee oder Vorstellung, die in Propositionen repräsentiert sind. Daraus generieren wir Sätze,

Phrasen und Morpheme, die wir dann durch unsere Stimme in Phoneme (bzw. Grapheme) verwandeln.

Propositionen → Morpheme → Phoneme

Auf einer Prozessebene beschrieben bedeutet das, dass wir in einem ersten, vorsprachlichen Prozess der Konzeptualisierung zunächst überlegen, was wir sagen wollen. Anschließend müssen wir klären, wie wir diese Botschaft formulieren möchten, d. h., welche Wörter wir aus unserem sprachlichen Lexikon in welcher Reihenfolge dazu verwenden. Anschließend findet eine morphologische und phonetische Kodierung statt. Nun müssen diese Wörter in einem weiteren (motorischen) Schritt ausgesprochen werden. Zuletzt prüfen wir die Sprachproduktion („self-monitoring") und führen ggf. Korrekturen durch (Levelt et al. 1999).

Sowohl bei der Sprachproduktion als auch beim Sprachverstehen kann es aufgrund von Gehirnverletzungen etwa als Folge eines Schlaganfalls oder eines Schädel-Hirn-Traumas zu Beeinträchtigungen und Störungen (Aphasien) kommen. Bei der Wernicke-Aphasie (so bezeichnet aufgrund der verletzten Hirnregion) ist z. B. das Sprechen intakt, das Sprachverständnis dagegen gestört. Im Gegensatz dazu kann man bei der Broca-Aphasie v. a. Beeinträchtigungen bei der Sprachproduktion, weniger dagegen beim Sprachverständnis beobachten. Bei globalen Aphasien sind sowohl Sprachproduktion als auch Sprachverständnis gleichermaßen beeinträchtigt (zum Überblick s. Zwitserlood und Bölte 2017).

Aphasien

Blick in die Praxis: Sprachproduktion bei Alexa & Co.
Sprachverstehen und -produktion lassen sich zwar formal beschreiben, der dahinter liegenden Komplexität wird man aber damit kaum gerecht. Dies zeigt sich auch an der Schwierigkeit, unseren digitalen und mit künstlicher Intelligenz (KI) ausgestatteten Assistenten wie Alexa, Cortana, Siri & Co. ein einigermaßen menschliches Sprachverständnis beizubringen. Diese erbringen zwar bereits erstaunliche Leistungen, sie sind aber unserem Sprachvermögen nach wie vor weit unterlegen. Wenn es einfach nur darum ginge, Töne Wörtern zuzuweisen und umgekehrt, dann wäre das nicht weiter kompliziert. Das große Problem ist dabei weniger die sprachliche Enkodierung oder die phonetische Analyse, obwohl auch hier zunächst eine Lösung für das Segmentierungs- und Variabilitätsproblem zu finden ist, sondern v. a. die kontextsensitive Interpretation. Wenn wir sprechen und zuhören, dann passen wir uns exakt auf den Hörer/Sprecher und die jeweilige Situation an. Das

7

befähigt uns, aus der Vielfalt an möglichen Wörtern und Wortkombinationen, die aus unserer Sicht geeignetsten auszuwählen. Aber nicht nur darin sind wir den KI-Systemen überlegen. Auch zu Ironie oder Sarkasmus sind diese nicht fähig. Ganz abgesehen davon, dass für unsere sprachliche Kommunikation auch nichtsprachliche Merkmale (Aussehen, nonverbales Verhalten etc.) bedeutsam sind, was ebenfalls von unseren digitalen Assistenten noch nicht berücksichtigt wird. Faktoren wie Gesten- oder Gesichtserkennung sowie Analysen des Sprechstils sind hier allerdings schon bald zu erwarten (Këpuska und Bohouta 2018). Ganz allgemein sind Überlegungen zur maschinellen, algorithmusgesteuerten Sprachproduktion und zum Sprachverstehen nicht nur aus Anwendungssicht interessant, sondern liefern selbst wiederum Erkenntnisse über unser eigenes Sprachsteuerungssystem.

7.4 **Mentales Lexikon**

Es liegt mir auf der Zunge!

Sowohl beim Sprachverstehen wie auch bei der Sprachproduktion gibt es einen interessanten Übergang, nämlich den zwischen den Lauten oder den Schriftzeichen zu den dazugehörigen Wörtern. Wie wir gerade gesehen haben, ist die Zuordnung von Laut zu Wort nicht so einfach, es gibt viele Laute, die das gleiche Wort formen können. Bei den Schriftzeichen ist die Beziehung zu den Wörtern eindeutiger. Was aber passiert bei der Zuordnung von Phonemen/Morphemen bzw. Graphemen zu den entsprechenden Wörtern eigentlich? Hier hat sich die Vorstellung eines Worterkennungsprozesses durchgesetzt, in dem auf ein „mentales Lexikon" zugegriffen wird (Aitchison 2012; Engelkamp 1995; De Deyne et al. 2017; es gibt auch Modelle, die ohne ein solches Lexikon auskommen, z. B. Elman 2004). Unter dem mentalen Lexikon versteht man einen separaten Speicher im Langzeitgedächtnis, in dem unser gesamtes Wortwissen abgelegt ist (Phoneme, Morpheme, Grapheme). Der Umfang des Lexikons ist enorm. So wird das Lesevokabular eines amerikanischen Studenten auf zwischen 40.000 und 80.000 Wörter geschätzt (Aitchison 2012). Abgesehen davon wird noch ein konzeptuelles Gedächtnis angenommen, in dem die Wortbedeutungen gespeichert sind. Konzepte sind demnach unabhängig von der eigentlichen Sprache bzw. äquivalent in mehreren Sprachen formulierbar. Diese Trennung von Wort und Konzept kann man im Alltag beispielsweise an dem „Es-liegt-mir-auf-der-Zunge-Phänomen" beobachten, bei dem uns eine treffende Bezeichnung für ein Konzept nicht einfällt (Brown und McNeill 1966).

Blick in die Praxis: Zweisprachigkeit

Wenn wir in unserer Muttersprache sprechen, dann fällt uns der Prozess der Zuordnung von Wort zu Proposition (Konzept) nur selten auf, hin und wieder bei dem eben genannten „Es-liegt-mir-auf-der-Zunge-Phänomen". Was passiert aber, wenn wir in einer Fremdsprache sprechen? Dann formulieren wir häufig den Gedanken zunächst in unserer Muttersprache und „übersetzen" dann in die andere Sprache. Der Weg zum Konzeptwissen geht demnach über den Lexikoneintrag der Muttersprache. Das Gleiche – nur umgekehrt – passiert, wenn wir jemandem zuhören, der in der anderen Sprache mit uns spricht. Um ihn zu verstehen, übersetzen wir seine Worte zurück in unsere Sprache. Das ist häufig ein mühsamer Prozess, der zudem den Nachteil hat, dass wir beim Übersetzen manchmal hängen bleiben und den Anschluss verlieren, wenn wir ein fremdsprachiges Wort nicht direkt einem Wort unserer Muttersprache zuweisen können. Ganz anders ist das, wenn wir eine Sprache sehr gut beherrschen oder bei zweisprachig aufgewachsenen Menschen. Bei ihnen gibt es eine direkte Verbindung zwischen den Wörtern der einen Sprache und der anderen Sprache zum Konzeptgedächtnis, ohne dass erst noch der Umweg über das Lexikon der Muttersprache beschritten werden muss (Gollan und Kroll 2001; ausführlich dazu Pavlenko 2009).

7.5 Sprache und Erleben

Mit Hilfe der Wörter und Sätze können wir unsere Gedanken zum Ausdruck bringen. Hin und wieder fällt uns dabei aber auf, dass die Wörter das, was wir sagen wollen, nicht oder nur unzureichend treffen. In solchen Fällen versuchen wir dann vielleicht den Umweg über Redewendungen, Metaphern oder Umschreiben des Sachverhalts, in der Hoffnung der andere versteht denn auch, was wir ihm mitteilen möchten. Emotionen lassen sich z. B. oft nur sehr schwer auf den Punkt bringen und fordern unsere ganze sprachliche Kreativität. Umgekehrt legen Wörter, die wir lesen oder hören, auch eine bestimmte Bedeutung nahe, die uns hin und wieder einschränkt und von der wir uns nur schwer lösen können. Beispielsweise macht es bei einer Zeugenbefragung einen großen Unterschied, ob ausgesagt wurde, dass die beiden Autos „zusammengestoßen" oder „aufeinandergekracht" sind, auch wenn sich beide Aussagen auf den gleichen Sachverhalt beziehen (◨ Abb. 7.1). Die Wortassoziationen unterscheiden sich nicht unerheblich, weswegen es im Anschluss auch zu anderen Bewertungen desselben Vorfalls kommen kann. Es ist daher eine spannende

7

■ **Abb. 7.1**   Autos krachen oder stoßen zusammen: Welches Bild haben wir im Kopf? (© Claudia Styrsky)

Sapir-Whorf-Hypothese

   Wie sieht wohl die Welt einer Amsel aus?

Frage, inwieweit sich unsere Sprache und unser Erleben und Denken gegenseitig beeinflussen.

Wie wir bereits in ▶ Abschn. 2.2 gesehen haben, war genau das der Untersuchungsgegenstand von Benjamin Whorf und seinem Lehrer Edward Sapir (1921). Als Sapir-Whorf-Hypothese (z. B. Hoijer 1954; Kay und Kempton 1984; Hussein 2012) oder linguistische Relativitätshypothese bezeichnet man die Annahme, dass die Sprache unser Denken formt (diese „schwache" Version geht auf Sapir zurück) bzw. bestimmt (die „starke" Version vertrat Whorf). Unsere Sprache (Grammatik, Syntax, Wörter) ist nach Whorf demnach nicht nur ein Instrument, mit dem wir unsere Ideen formulieren können, sondern sie formt durch ihren Aufbau und ihre Verwendung selbst das Entstehen dieser Ideen. Um diese Annahme zu prüfen, wurde häufig der Zusammenhang zwischen Farbwörtern und der Diskriminationsleistung überprüft (z. B. Kay und Kempton 1984; Winawer et al. 2007). Wenn nämlich in einer Sprache beispielsweise mehr Farbwörter existieren als in einer anderen, dann müsste sich das – wenn Whorfs Annahmen zutreffen – auch in der Fähigkeit niederschlagen, verschiedene Farbnuancen unterscheiden zu können. Und genau das konnten beispielsweise Kay und Kempton bei Studien mit Englischmuttersprachlern und einer nordmexikanischen Ethnie, den Tarahumara, zeigen. Während es im Englischen nämlich eine eindeutige Trennung zwischen grün und blau gibt, gibt es eine solche Entsprechung bei den Tarahumara nicht: Hier wird stattdessen ein Wort verwendet, das „blau oder grün" bedeutet. Es zeigte sich, dass Englischmuttersprachler im Gegensatz zu den Tarahumara in der Lage waren, Farbnuancen im mittleren Bereich zwischen blau und grün zu differenzieren.

Es gibt aber auch Überlegungen, wonach Sprache und Denken zwei getrennte Systeme darstellen (Chomsky 1965), was letztlich auch der eben vorgestellten Annahme eines Konzeptgedächtnis (Propositionen) einerseits, des Wortgedächtnis (Lexikon) andererseits zugrunde liegt. Zudem finden sich auch empirische Befunde, die der Sapir-Whorf-Hypothese widersprechen (z. B. Au 1983). Die Beziehung zwischen Sprache und Denken und Erleben ist also alles andere als einfach oder eindeutig, sodass es schwerfällt, einem der beiden Prozesse das Primat zuzuschreiben. Folgen wir Wygotski (1934/1981), ist das vielleicht auch die falsche Frage. Vielleicht sind Sprechen und Denken weder völlig getrennte Prozesse, noch sind sie identisch, vielmehr dynamisch miteinander verwoben. Er sagt dazu: „Die Beziehung des Gedankens zum Wort ist keine Sache, sondern ein Prozeß, diese Beziehung ist eine Bewegung vom Gedanken zum Wort und umgekehrt – vom Wort zum Gedanken. Selbstverständlich ist das keine altersmäßige Entwicklung, sondern eine funktionelle Entwicklung. Der Gedanke drückt sich nicht im Wort aus, sondern erfolgt im Wort." (S. 301).

> **Blick in die Praxis: Auf der Suche nach dem passenden Wort**
> Manchmal können wir regelrecht nachfühlen, was mit Konzeptgedächtnis und mentalem Lexikon gemeint ist und dass es sich dabei um zwei verschiedene Dinge handeln könnte. Zum Beispiel wenn wir jemandem etwas Bestimmtes sagen möchten und uns einfach nicht das passende Wort dazu einfällt. Um nicht zu schweigen, „nehmen" wir einfach das Wort, das uns einfällt, nur um danach festzustellen, dass das Wort einfach nicht das ausdrückte, was wir eigentlich sagen wollten. Häufig schieben wir dann die Entschuldigung nach: „Was ich eigentlich sagen wollte, war ..." und versuchen dann umständlich doch noch das zu sagen, was wir eigentlich sagen wollten. Bedeutung und Ausdruck sind eben zwei verschiedene Paar Schuhe.

Der Einfluss der Sprache auf unser Denken und Erleben wird auch im Zusammenhang mit unserem emotionalen Erleben untersucht. Wenn Sprache zumindest das Denken beeinflusst (schwache Sapir-Whorf-Hypothese), sollte sich dann – sofern Denken Einfluss auf die Art der Emotionen haben kann, wie es etwa in kognitiven Emotionstheorien angenommen wird (z. B. Scherer 2009) – nicht auch unser emotionales Empfinden in Abhängigkeit der Begrifflichkeiten, die wir zur Emotions-

Emotionale Sapir-Whorf-Hypothese

beschreibung nutzen, ändern? Für diese emotionale Sapir-Whorf-Hypothese gibt es nicht nur gute Argumente (z. B. Perlovsky 2009), sondern ebenfalls auch empirische Hinweise (einen kurzen Überblick geben Barrett et al. 2007).

Blick in die Praxis: Das generische Maskulinum

In der Alltagssprache verwenden wir häufig maskuline Formen für allgemeine Bezeichnungen, also auch dann, wenn beispielsweise Frauen damit gemeint sind. Wir sprechen von Wissenschaftler, Student, Doktorvater oder dem „kleinen Mann". Die spannende Frage ist, inwieweit durch die Verwendung der männlichen Bezeichnungen Frauen gedanklich miteinbezogen werden, oder ob eben nur an Männer gedacht wird bzw. das umgekehrte, ob Männer bei der Verwendung der weiblichen Bezeichnung gedanklich einbezogen werden oder nicht (☐ Abb. 7.2). Mit anderen Worten, inwieweit beeinflusst die Sprache unser Denken? Es gibt durchaus Befunde, die das nahelegen. Irmen und Köhncke (1996) boten beispielsweise ihren Versuchspersonen kurze Sätze auf einem Computerbildschirm dar, z. B. „Ein Kunde erhält unsere Prospekte per Post." Anschließend wurde den Teilnehmern ein Männer- oder Frauenbild gezeigt. Die Aufgabe bestand darin, so schnell wie möglich zu beurteilen, ob dieses Bild den gezeigten Begriff („Kunde") repräsentiert oder nicht. Es

☐ **Abb. 7.2**   Wer fühlt sich wohl angesprochen? (© Claudia Styrsky)

zeigte sich, dass Frauenbilder nur von der Hälfte der männlichen und weiblichen Versuchspersonen als passend beurteilt wurden. Unter anderem solche Befunde sind dann auch der wissenschaftliche Hintergrund, warum in vielen Kontexten zunehmend eine geschlechterneutrale Sprache verwendet wird. Man kann hier aber auch noch weitergehen. Wenn die Verwendung einzelner Wörter so große Bedeutung für unser Denken hat, dann müsste das in jedem Kontext der Fall sein. Auch ärztliche Diagnosen könnten auf diese Art und Weise, und je nachdem wie sie formuliert sind, zu ganz unterschiedlichen Konsequenzen beim Patienten führen. Und macht es nicht in der Tat einen Unterschied, wenn ein und dasselbe Krankheitsbild einmal als grippaler Infekt und einmal als Erkältung bezeichnet wird?

7.6 Phasen des Spracherwerbs

Wenn wir auf die Welt kommen, sind wir im wahrsten Sinne des Wortes sprachlos. Allerdings haben wir bereits einiges gelernt, was uns später beim Spracherwerb helfen wird, etwa die Sprachmelodie der Umgebungssprache, v. a. der Mutter. Untersuchungen zeigen, dass bereits Föten schnelle Frequenzabfolgen differenzieren können, die für Sprachwahrnehmung relevant sind (Draganova et al. 2005, 2007). Nach der Geburt verläuft die Sprachentwicklung dann phasenartig weiter, wobei zunächst Abstriche zu verzeichnen sind. Können Neugeborene noch Laute differenzieren, die gar nicht in ihrer Muttersprache vorkommen, verlieren sie diese Fähigkeit zunehmend: Was nicht gebraucht wird, wird verlernt (einen Überblick zur Sprachentwicklung des Kindes geben Weinert und Grimm 2018). Japanische Kinder verlieren beispielsweise bis zum Ende des ersten Lebensjahres die ursprüngliche Fähigkeit, ein l von einem r zu unterscheiden (Eimas 1985). Umgekehrt bedeutet das, dass Kinder, die in einem bilingualen Kontext aufwachsen, die Diskriminierungsfähigkeit in zwei Sprachen behalten (Byers-Heinlein et al. 2010). Beim späteren Erlernen einer zweiten Sprache können die sich daraus ergebenden Vorteile für das Artikulieren mit der entsprechenden Sprachmelodie nicht mehr kompensiert werden. Mit ungefähr einem Jahr beginnen Kinder dann zu sprechen, wobei hier die enorme Plastizität menschlicher Entwicklung zu berücksichti-

Von der Lallphase zum Zweiwortsatz

7

Implizites und explizites
Sprachwissen

gen ist, d. h., es kann hier zu großen interindividuellen Unterschieden kommen.

Der Spracherwerb beginnt mit der sog. ersten Lallphase (im Alter von 3–4 Monaten), in der spontan einfachste Laute produziert werden, die jedoch keine sprachliche Entsprechung besitzen. Es folgt im Alter von einem halben Jahr die zweite Lallphase, in der erste Silben gebildet werden, die nun auch zunehmend der Umgebungssprache ähneln. Zudem können die Mundbewegungen nun allmählich kontrolliert werden, um damit sinnvolle Silben bzw. Silbenpaare zu artikulieren. Auch beginnt sich mit 8–10 Monaten das Wortverständnis zu entwickeln, d. h., es kann zwischen bedeutungshaltigen und nichtbedeutungshaltigen Wörtern unterschieden werden. Im Alter von einem Jahr ist das Einwortstadium erreicht, bei dem nun schon bedeutungshaltige Konzepte (Mutter, Vater, Kuscheltier) in Worten bezeichnet werden können. Schließlich werden im Alter von 2 Jahren dann Zweiwortsätze gebildet, mit denen eine die Umwelt steuernde Kommunikation erfolgen kann („Mama Hunger", „will schlafen"). Komplexere Äußerungen folgen dann rasch. Das gleiche gilt für die Kenntnis grammatikalischen Wissens. Mit etwa 4 Jahren beherrschen Kinder die grammatikalischen Grundkonzepte ihrer Muttersprache.

Die Sprachentwicklung ist damit jedoch noch nicht beendet. Es dauert noch etwas, bis Kinder die Sprache nicht nur implizit beherrschen, sondern auch über explizites Sprachwissen verfügen, mit dessen Hilfe sie auch Fehler beim Sprechen oder Lesen bewusst, durch Anwendung von Regelwissen, korrigieren können (Weinert und Grimm 2018; weiterführend s. auch Karmiloff-Smith 1992).

? **Prüfungsfragen**
1. Welche Funktion und Bedeutung hat Sprache für uns?
2. Welche Bestandteile der Sprache lassen sich auseinanderhalten?
3. Skizzieren Sie, in welchen Phasen der Spracherwerb in der Kindheit abläuft.
4. Was besagt die Sapir-Whorf-Hypothese? Welche Konsequenzen könnten sich daraus für die Übersetzung von Texten ergeben?
5. Was meinen die Begriffe Tiefenstruktur und Oberflächenstruktur?
6. In welchen Schritten verläuft der Prozess der Sprachproduktion?
7. Was ist der Unterschied zwischen implizitem und explizitem Sprachwissen?
8. Was kann man sich unter einem mentalen Lexikon vorstellen?

9. Worin unterscheiden sich einsprachig und zweisprachig aufgewachsene Menschen in ihrem Sprachverstehen?
10. Was sind Aphasien?
11. Skizzieren Sie die sprachliche Entwicklung in der frühen Kindheit.

Zusammenfassung

- Sprache ist die Grundlage für die kulturelle Entwicklung.
- Sprache lässt sich in Bausteine zerlegen.
- In der gesprochenen Sprache lassen sich (bedeutungslose) Phoneme und (bedeutungstragende) Morpheme differenzieren.
- Wörter können als Namen für die durch sie bezeichneten Konzepte (Propositionen) verstanden werden.
- Bei Sätzen lässt sich die Tiefenstruktur (Bedeutung) von der Oberflächenstruktur (Ausformulierung).
- Beim Sprachverstehen müssen gehörte Laute Wörtern aus dem mentalen Lexikon, die auf Propositionen verweisen, zugeordnet werden.
- Bei der Sprachproduktion müssen Propositionen durch Wörter aus dem mentalen Lexikon ausgedrückt und artikuliert werden.
- Beim Sprachverstehen muss das Segmentierungs- und Variabilitätsproblem gelöst werden.
- Das Segmentierungsproblem beschreibt den Umstand, dass Wörter aus einem kontinuierlichen Tonfluss extrahiert werden müssen.
- Das Variabilitätsproblem besteht darin, dass ein und dasselbe Wort ganz unterschiedlich ausgesprochen werden kann.
- Aphasien sind Störungen bei der Sprachproduktion oder dem Sprachverstehen.
- Das mentale Lexikon bezeichnet einen separaten Speicher im Langzeitgedächtnis, in dem unser gesamtes Wortwissen abgelegt ist.
- Die Sapir-Whorf-Hypothese beschreibt die Annahme, dass Sprache und Denken stark miteinander zusammenhängen.
- Der Spracherwerb in der Kindheit verläuft phasenartig.
- Man unterscheidet erstes und zweites Lallstadium, das Einwortstadium und das Zweiwortstadium.
- Implizites Sprachwissen bezeichnet die richtige Performanz ohne explizites Regelwissen.
- Explizites Sprachwissen bezeichnet explizites Regelwissen, das zur Sprach- bzw. Verstehenskorrektur genutzt werden kann.

Schlüsselbegriffe

Aphasien, Bilingualität, Einwortstadium, explizites Sprachwissen, Grapheme, implizites Sprachwissen, Konzept, Konzeptgedächtnis, Lallstadium, mentales Lexikon, Morpheme, Oberflächenstruktur, Phoneme, Propositionen, Sapir-Whorf-Hypothese, Segmentierungsproblem, Sprachproduktion, Sprachverstehen, Syntax, Tiefenstruktur, Variabilitätsproblem, Zweiwortstadium.

Literatur

Aitchison, J. (2012). *Words in the mind: An introduction to the mental lexicon* (4. Aufl.). New York: Wiley.

Anderson, J. R., & Bower, G. H. (1974). A propositional theory of recognition. *Memory & Cognition, 2*(3), 406–412.

Au, T. K.-F. (1983). Chinese and english counterfactuals: The sapir-whorf hypothesis revisited. *Cognition, 15*(1), 155–187.

Barrett, L. F., Lindquist, K. A., & Gendron, M. (2007). Language as context for the perception of emotion. *Trends in Cognitive Sciences, 11*(8), 327–332.

Becker-Carus, C., & Wendt, M. (2017). *Allgemeine Psychologie: Eine Einführung* (2. Aufl.). Heidelberg: Springer.

Brown, R., & McNeill, D. (1966). The „tip of the tongue" phenomenon. *Journal of Verbal Learning and Verbal Behavior, 5*(4), 325–337.

Byers-Heinlein, K., Burns, T. C., & Werker, J. F. (2010). The roots of bilingualism in newborns. *Psychological Science, 21*(3), 343–348.

Chomsky, N. (1957). *Syntactic structures*. Paris: Mouton.

Chomsky, N. (1965). *Aspects of the theory of syntax*. Cambridge: MIT Press.

De Deyne, S., Kenett, Y. N., Anaki, D., Faust, M., & Navarro, D. (2017). Large-scale network representations of semantics in the mental lexicon. In M. N. Jones (Hrsg.), *Big data in cognitive science* (S. 174–202). Cortex: Elsevier.

Draganova, R., Eswaran, H., Murphy, P., Lowery, C., & Preissl, H. (2007). Serial magnetoencephalographic study of fetal and newborn auditory discriminative evoked responses. *Early Human Development, 83*(3), 199–207.

Draganova, R., Eswaran, H., Murphy, P., Huotilainen, M., Lowery, C., & Preissl, H. (2005). Sound frequency change detection in fetuses and newborns, a magnetoencephalographic study. *NeuroImage, 28*(2), 354–361.

Eimas, P. D. (1985). The perception of speech in early infancy. *Scientific American, 252*(1), 46–53.

Elman, J. L. (2004). An alternative view of the mental lexicon. *Trends in Cognitive Sciences, 8*(7), 301–306.

Engelkamp, J. (1995). Mentales Lexikon: Struktur und Zugriff. In G. Harras (Hrsg.), *Die Ordnung der Wörter. Kognitive und lexikalische Strukturen* (S. 99–119). Berlin/New York: de Gruyter.

Gollan, T. H., & Kroll, J. F. (2001). Bilingual lexical access. In B. Rapp (Hrsg.), *The handbook of cognitive neuropsychology: What deficits reveal about the human mind* (S. 321–345). New York: Psychology Press.

Harari, Y. N. (2013). *Eine kurze Geschichte der Menschheit*. München: Deutsche Verlags-Anstalt.

Hoijer, H. (1954). The Sapir-Whorf hypothesis. In H. Hoijer (Hrsg.), *Language in culture: Conference on the inter-relations of language and other aspects of culture* (S. 92–105). Chicago: The University of Chicago Press.

Hussein, B. A.-S. (2012). The sapir-whorf hypothesis today. *Theory and Practice in Language Studies, 2*(3), 642–646.

7

Irmen, L., & Köhncke, A. (1996). Zur Psychologie des „generischen" Maskulinums. *Sprache & Kognition, 15*, 152–166.

Karmiloff-Smith, A. (1992). *Beyond modularity: A developmental perspective on cognitive science*. Bradford: MIT Press.

Kaup, B., & Dudschig, C. (2017). Sätze und Texte verstehen und produzieren. In J. Müsseler & M. Rieger (Hrsg.), *Allgemeine Psychologie* (3. Aufl., S. 467–530). Berlin: Springer.

Kay, P., & Kempton, W. (1984). What is the sapir-whorf hypothesis? *American Anthropologist, 86*(1), 65–79.

Këpuska, V., & Bohouta, G. (2018). *Next-generation of virtual personal assistants (Microsoft Cortana, Apple Siri, Amazon Alexa and Google Home)*. 2018 IEEE 8th Annual Computing and Communication Workshop and Conference (CCWC), S. 99–103. https://ieeexplore.ieee.org/xpl/conhome/8293728/proceeding

Levelt, W. J. M. (1989). *Speaking: From intention to articulation*. Cambridge: MIT Press.

Levelt, W. J. M., Roelofs, A., & Meyer, A. S. (1999). A theory of lexical access in speech production. *Behavioral and Brain Sciences, 22*((1)), 1–38.

Macwhinney, B. (2004). A unified model of language acquisition. In J. F. Kroll & A. M. B. de Groot (Hrsg.), *Handbook of bilingualism: Psycholinguistic approaches* (S. 49–67). New York: Oxford University Press.

Pavlenko, D. A. (2009). *The bilingual mental lexicon: Interdisciplinary approaches*. Toronto: Multilingual Matters.

Perlovsky, L. I. (2009). Modeling evolution of the mind and cultures: Emotional sapir-whorf hypothesis. *Evolutionary and Bio-Inspired Computation: Theory and Applications III, 7347*, 734709.

Saffran, J. R., Aslin, R. N., & Newport, E. L. (1996). Statistical learning by 8-month-old infants. *Science, 274*(5294), 1926–1928.

Sapir, E. (1921). *Language: An introduction to the study of speech*. New York: Harcourt, Brace.

Scherer, K. R. (2009). The dynamic architecture of emotion: Evidence for the component process model. *Cognition and Emotion, 23*(7), 1307–1351.

von Foerster, H. (1993). *KybernEthik*. Berlin: Merve.

Weinert, S., & Grimm, H. (2018). Sprachentwicklung. In W. Schneider & U. Lindenberger (Hrsg.), *Entwicklungspsychologie* (8., vollst. überarb. Aufl.). Weinheim: Beltz.

Wilkes, A. L., & Kennedy, R. A. (1969). Relationship between pausing and retrieval latency in sentences of varying grammatical form. *Journal of Experimental Psychology, 79*(2, Pt.1), 241–245.

Winawer, J., Witthoft, N., Frank, M. C., Wu, L., Wade, A. R., & Boroditsky, L. (2007). Russian blues reveal effects of language on color discrimination. *Proceedings of the National Academy of Sciences, 104*(19), 7780–7785.

Wittgenstein, L. (1984). *Tractatus logico-philosophicus* (Werkausgabe Band 1). Frankfurt: Suhrkamp.

Wygotski, L. S. (1934/1981). *Denken und Sprache*. Frankfurt: Fischer.

Zwitserlood, P., & Bölte, J. (2017). Worterkennung und -produktion. In J. Müsseler & M. Rieger (Hrsg.), *Allgemeine Psychologie* (3. Aufl., S. 437–465). Berlin: Springer.

Denken

Inhaltsverzeichnis

© Springer-Verlag GmbH Deutschland, ein Teil von Springer Nature 2020
P. M. Bak, *Wahrnehmung, Gedächtnis, Sprache, Denken*, Angewandte Psychologie Kompakt,
https://doi.org/10.1007/978-3-662-61775-5_8

Lernziele

- Beschreiben und erklären können, was Denken ist
- Verschiedene Arten des Denkens kennen und differenzieren
- Grundlegende Vorstellung der Wissensorganisation kennen und unterscheiden können
- Wissen, was Heuristiken sind und Beispiele dafür angeben können
- Wissen, wie ein Problem definiert ist und welche Schritte beim Problemlösen begangen werden
- Wissen, was kreatives Denken ist und Anwendungsbeispiele dafür geben können

8

Einführung

Denken ist ein rätselhaftes Geschehen, insbesondere wenn wir anfangen, über das Denken nachzudenken. Was passiert eigentlich, wenn wir denken? Wer denkt da überhaupt? Was ist der Unterschied zwischen Vorstellen und Denken? In welcher Form denken wir überhaupt? Kann man auch nicht denken?

Der einfachste Einstieg in das Thema Denken ist vielleicht, zunächst festzuhalten, dass Denken – wie so viele andere Konzepte in der Psychologie – ein hypothetisches Konstrukt ist. Das bedeutet, dass wir mit Denken eine Reihe von Prozessen meinen, die sich direkt zwar nicht beobachten lassen, deren Vorhandensein sich aber durch beobachtbare Ereignisse und Reaktionen annehmen lassen. Im Alltag fassen wir zahlreiche geistige Tätigkeiten unter dem Oberbegriff des Denkens zusammen, etwa Begreifen, Meinen, Schlussfolgern, Urteilen, Vermuten, Einschätzen oder Glauben. Diese Vielfalt an mentalen Prozessen macht es der Wissenschaft alles andere als einfach, sich diesem Phänomen zu widmen. Je nach Lehrbuch finden sich daher auch ganz unterschiedliche Ansätze, das Thema Denken aufzubereiten, was einerseits als Zeichen für die zunehmende Differenzierung der Forschung angesehen werden kann, andererseits aber auch der Komplexität des Gegenstands geschuldet ist. Wir wollen uns im Folgenden zunächst einige Merkmale des Denkens, Vorstellungen über die Wissensorganisation und im weiteren Verlauf verschiedene Formen des Denkens etwas genauer ansehen.

8.1 Begriffsdefinition: Was ist Denken?

Sprache des Geistes

Denken, wir können dazu auch die „Sprache des Geistes" (Becker-Carus und Wendt 2017) sagen, ist ganz offensichtlich eine sehr komplexe und vielseitige geistige Aktivität. Denken ist nicht direkt beobachtbar, wir können jedoch hin und wieder durchaus beobachten, wenn eine Person denkt, etwa wenn sie im Gespräch innehält oder mitten in einer Tätigkeit aufhört und vielleicht, ohne einen bestimmten Punkt zu fokussieren, scheinbar „gedankenverloren" nach oben schaut (⬛ Abb. 8.1). Was da aber genau im Inneren der Person geschieht, das bleibt uns zunächst verborgen. Denken hat aber in jedem Fall eine verhaltensbeeinflussende Wirkung. Ein Gedanke kann zu einer Verhaltensänderung führen, wenn einem z. B. eine neue Idee gekommen ist, wie man mit einem Sachverhalt umgehen könnte, oder uns zum Fortsetzen und Verfestigen einer Tätigkeit veranlassen. Eine Besonderheit des Denkens ist, dass es nicht an das Vorhandensein äußerer Reize gebunden ist. So können wir über Sachverhalte nachdenken, die weit in der Vergangenheit oder auch in der Zukunft liegen, oder sogar ganz neue Ideen entwickeln (Hussy 1984).

Denken ist also alles andere als ein einheitlicher Prozess. Es verwundert daher auch nicht, dass es zahlreiche Einteilungen und Kategorien gibt, in die unser Denken eingeteilt wird. So unterscheidet man bedeutungshaltiges (propositionales) Denken von bildhaftem Denken. Wir denken auch Bewegungsab-

Divergentes und konvergentes Denken

⬛ **Abb. 8.1**   Denkt er oder macht er nur so? (© Claudia Styrsky)

läufe (motorisches Denken). Gerade Sportler machen dies häufig vor einem Wettkampf, um sich nochmals an die exakten Bewegungsabläufe zu erinnern. Manchmal folgt unser Denken logischen Regeln und ist strikt linear (konvergentes Denken), ein anderes Mal ist es unsystematisch, offen, „kreativ" (divergentes Denken; auch produktives Denken genannt). Auch zwischen deduktivem und induktivem Denken wird häufig unterscheiden (zum Überblick s. Becker-Carus und Wendt 2017). Zunehmend wird Denken auch in Zusammenhang mit der mentalen Repräsentation unseres Wissens betrachtet, bei dem auch Erkenntnisse aus der Sprachpsychologie und Gedächtnispsychologie einfließen, sodass an dieser Stelle der Hinweis angebracht ist, dass die Psychologie zunehmend auf die klassische Trennung von Wahrnehmung, Gedächtnis, Sprache, Denken zugunsten einer ganzheitlicheren kognitiven Psychologie verzichtet. Wir bleiben aber bei der klassischen Einteilung und betrachten als nächstes einige Formen des Denkens genauer.

8.2 Bedeutungshaltiges Denken

Generalisation

Wie wir bereits in ▶ Kap. 7 zur Sprache festgehalten haben, ist unser Denken nicht immer konkret-sprachlich, sondern kann auch sehr abstrakt erfolgen. Wenn wir Dinge um uns herum wahrnehmen und darüber nachdenken, dann tun wir das meistens in Form von Konzepten. Konzepte sind abstrakte Repräsentationen von Wissen, was sich durchaus aus sensorischen, also konkreten Erfahrungen gebildet haben kann. Denken wir z. B. an eine Katze, dann mögen wir an eine ganz bestimmte Katze denken. Ich denke z. B. gerade an Zucki, eine Nachbarskatze, die sich bei uns ganz wohlzufühlen scheint und die gerade durch mein Arbeitszimmer schlendert. Häufig denken wir aber eher an eine „Katze an und für sich", also an ein schnurrendes Haustier mit weichem Fell, das seine Unabhängigkeit liebt und hin und wieder auf Mäusejagd geht. Dabei haben wir gar keine konkrete Katze im Sinne, sondern einfach irgendeine Katze. Konzepte sind demnach so etwas wie Überbegriffe oder Kategorien, die selbst wiederum anhand anderer Konzepte beschrieben werden. Dass wir in Konzepten und nicht in konkreten Exemplaren denken, ist ein Hinweis darauf, dass unser Wissen zum einen äußerst ökonomisch organisiert ist, zum anderen ist dies auch Voraussetzung für eine effiziente Informationsverarbeitung. Würden wir stets nur an konkrete Exemplare denken, wäre jedes verallgemeinernde Nachdenken (Generalisation) unmöglich, ganz zu schweigen von der Kommunikation mit anderen Menschen. Zudem erlaubt uns das Denken auf abstrakter Ebene, Eigenschaften,

Merkmale und Verbindungen eines Sachverhalts zu berücksichtigen, die im konkreten Fall womöglich gar nicht unmittelbar einsichtig sind. Wenn wir also an eine Katze denken, dann denken wir nicht nur an dieses konkrete Tier vor uns, sondern haben in Gedanken sofort auch Zugang zu unserem allgemeinen „Katzenwissen", z. B. dass Katzen selten aggressiv sind, schnurren, Milch mögen etc. Konzepte bieten uns damit die Möglichkeit, Eigenschaften und Merkmale von Objekten vorherzusagen (Barsalou 1985).

Es gibt aber auch *a priori* abstrakte Konzepte, die nicht erst durch konkrete, natürliche Objekte entstanden sind. Denken wir etwa an Konzepte wie Freiheit oder Wahrheit. Interessanterweise bedarf es jedoch zur Erklärung dieser abstrakten Konzepte der konkreten Anschauung bzw. Kontextualisierung (Barsalou 2008). Um beispielsweise ein Konzept wie Freiheit zu erläutern, kann dies sofort einsichtig sein, wenn ich das anhand eines Vogels illustriere, der zunächst unfrei ist, solange er im Käfig ist, dann aber frei wird, sobald ich ihn daraus entlasse.

Abstrakte Konzepte

8.3 Wissensorganisation

So einleuchtend die Wissensorganisation in Konzeptform ist, so umstritten ist die Frage, wie es uns gelingt, ein vorliegendes Ereignis einem Konzept zuzuordnen. Konkret: Wie erkenne ich, dass Zucki eine Katze ist? Auf diese Frage lassen sich mindestens zwei Antworten geben (Waldmann 2017; s. auch Becker-Carus und Wendt 2017). Eine beruht auf dem Prinzip der Ähnlichkeit, die andere auf dem Prinzip der Theorientestung.

8.3.1 Ähnlichkeitsbasierte Ansätze

Die Grundidee ähnlichkeitsbasierter Ansätze ist, dass verschiedene (natürliche) Objekte aufgrund ihrer Ähnlichkeit in einer Kategorie zusammengefasst werden. Die Katzen, die wir kennen, haben beispielsweise viele Gemeinsamkeiten. Es gibt ganz typische Katzen und weniger typische Katzen. Und es gibt die Katze schlechthin. Dieser „Katzenprototyp" muss keiner echten Katze, die wir irgendwo einmal gesehen haben, entsprechen, aber alle wesentlichen und typischen Merkmale einer Katze beinhalten. Typische Vertreter einer Kategorie weisen zudem weniger gemeinsame Merkmale zu benachbarten Kategorien auf, als weniger typische Vertreter (Rosch und Mervis 1975; Mervis und Rosch 1981). Eine typische Katze, wie Zucki, ist also nicht nur absolut eindeutig eine Katze, sie ist auch absolut eindeutig kein anderes Tier. Umgekehrt kann

Prototypen

es bei untypischen Vertretern einer Kategorie dann zu Kategorienverwechslungen kommen, wenn etwa eine Quitte fälschlicherweise als Birne oder Apfel identifiziert wird ( Abb. 8.2).

In diesem Zusammenhang ist eine Studie von Solso und McCarthy (1981) interessant. Die Forscher präsentierten ihren Versuchspersonen in einer ersten Lernphase verschiedene Gesichter, die auf Basis eines Prototypengesichts entwickelt worden waren. Dabei gab es Gesichter, die eine große Übereinstimmung mit dem Prototypen aufwiesen, und solche, die nur geringe Ähnlichkeit damit hatten. In der Abrufphase wurden neben den gelernten Gesichtern auch ganz neue Gesichter sowie der Prototyp selbst dargeboten. Die Aufgabe der Versuchspersonen war es, zu beurteilen, ob das Gesicht „alt" oder „neu" war und wie sicher sie sich des Urteils sind. Dabei kam wenig überraschend heraus, dass die Versuchspersonen generell gut in der Lage waren, die in der Lernphase betrachteten Gesichter wiederzuerkennen. Viel interessanter war jedoch, dass das Gesicht, bei dem sich die Versuchspersonen am sichersten waren, es bereits zu kennen, der Prototyp war, ein Gesicht also, auf dessen Grundlage zwar die anderen Gesichter abgeleitet waren, das selbst jedoch nie in der Lernphase zu se-

8

◻ **Abb. 8.2** Knollenblätterpilz oder Champignon? (© Claudia Styrsky)

hen war. Dieses Ergebnis kann als starker Beleg dafür angesehen werden, dass sich die Versuchspersonen die Gesichter in der Lernphase offensichtlich nicht nur als einzelne Gesichter (Exemplar) gemerkt hatten, sondern aus den vielen Gesichtern einen mentalen Prototypen konstruiert hatten. Die Ergebnisse zeigen darüber hinaus, dass die Wiedererkennungssicherheit mit zunehmender Ähnlichkeit mit dem Prototypengesicht steigt.

Die Idee der abstrahierten Prototypen scheint auf den ersten Blick sehr einleuchtend, bringt aber auch einige Probleme mit sich, etwa dass die Typikalität eines Reizes auch vom Kontext abhängt oder dass innerhalb eines Prototypen keine Information über die Variabilität der Kategorienexemplare mitgeliefert wird, genauso wenig wie der Charakter der Prototypen nicht eindeutig ist: Entsprechen sie eher dem Durchschnitt oder dem Ideal (vgl. dazu Waldmann 2017)?

Eine dem Prototypenansatz konträre Position wird beim Exemplaransatz vertreten. Danach bauen wir beim Lernen keine abstrakte Repräsentation einer Kategorie auf, sondern speichern tatsächlich das konkrete Beispiel zusammen mit der Kategorienbezeichnung ab. Unsere Katze Zucki würden wir also als „Katze Zucki" abspeichern. Eine andere Katze würden wir dann als Katze identifizieren, wenn sie Ähnlichkeit mit Zucki oder einer anderen schon bereits bekannten Katze hätte. Ähnlichkeitsvergleiche werden also im Gegensatz zum Prototypenansatz nicht mit einem abstrakten Prototypen durchgeführt, sondern parallel mit einer Reihe von Einzelexemplaren. Bei der Klassifizierung gewinnt das bereits gespeicherte Objekt, das dem neuen Objekt am ähnlichsten ist. Haben wir also eine Frucht vorliegen, die eine Birne oder ein Apfel sein könnte, dann hängt die Kategorienzuweisung davon ab, was es von den beiden Alternativen vermutlich eher ist. Als Beispiel für diesen Vorgang können uns die Studien von Brooks et al. (1991) dienen, in denen gezeigt werden konnte, dass die getroffenen Diagnosen für Hautkrankheiten davon abhingen, ob die Ärzte im Vorfeld bereits Patienten mit ähnlichen Erkrankungen gesehen hatten. Auch zunehmende Erfahrung änderte daran nichts. Offensichtlich hatte sich also kein prototypisches Krankheitsbild entwickelt, wie es der Prototypenansatz postuliert, sondern Ähnlichkeiten einer noch nicht diagnostizierten Erkrankung wurden anhand eines Exemplarvergleichs mit bereits bekannten Krankheitsbildern erkannt.

Wie der Prototypenansatz ist auch der Exemplaransatz nicht ohne Probleme. Zum einen wäre es völlig unökonomisch, wenn wir tatsächlich jedes Vorkommen eines Ereignisses separat speichern würden. Wenn das aber nicht der Fall ist, stellt sich u. a. die Frage, welches Exemplar gespeichert wird und welches nicht (vgl. Waldmann 2017).

Exemplar

Zusammenfassend können wir hier festhalten, dass es Belege und Argumente sowohl gegen als auch für den Prototypenansatz und den Exemplaransatz gibt. Gut möglich, dass beide theoretischen Vorstellungen zutreffen, wir also sowohl Prototypen als auch Exemplare als Vergleichsstandards im Gedächtnis gespeichert haben.

8.3.2 Theoriebasierte Ansätze

Unabhängig von Exemplar- oder Prototypenwissen lernen wir auch „theoretisch", welche Merkmale Objekte haben müssen, um einer bestimmten Kategorie anzugehören. Wir nutzen also unser Wissen, um Sachverhalte zu Kategorien zuzuordnen. Dieses Wissen beinhaltet sowohl Merkmale, die zur Kategorisierung vorliegen müssen, als auch Beziehungen dieser Merkmale zueinander oder sogar Ableitungen für noch unbekannte Fälle. Wir nutzen Wissen wie Wissenschaftler, um Eigenschaften und Merkmale von Objekten und Sachverhalten abzuleiten (Murphy und Medin 1985). So machen wir uns keine Sorgen, wenn wir sehen, wie unsere Lieblingskatze auf dem Baum sitzt, nicht weil wir schon einmal gesehen hätten, dass sie da auch wieder herunterkommt, sondern weil wir das aufgrund unseres Katzenwissens einfach annehmen können. Umgekehrt fällt es uns beispielsweise schwerer, ein neues Tier zu lernen, das Weizen frisst und im Wasser lebt, als ein Tier, das Fisch frisst und im Wasser lebt (Murphy und Wisniewski 1989). Unser konkretes Wissen über ein Objekt basiert also auf den (naiven) Theorien, die wir über die Welt besitzen, gleichzeitig determinieren diese Theorien auch, wie wir die Welt um uns herum kategorisieren (Wisniewski und Medin 1994).

> **Blick in die Praxis: Wie Annahmen (Theorien) unsere Sicht der Dinge determinieren**
>
> Unter dem Stichwort „confirmation bias" (zum Überblick s. Oswald und Grosjean 2004) lassen sich viele Studien finden, die immer wieder zeigen, wie stark unsere Tendenz ist, an unseren Theorien, Meinungen oder Einstellung festzuhalten. Lord et al. (1979) untersuchten dies beispielsweise an zwei Versuchspersonengruppen, von denen sich eine für, die andere gegen die Todesstrafe aussprach. Beide Versuchspersonengruppen erhielten Informationen über angeblich neue wissenschaftliche Studien. Eine Studie unterstützte die Annahme der Wirksamkeit der Todesstrafe als Abschreckungsmittel, die andere Studie kam zum gegenteiligen Ergebnis. Es gab also widersprüchliche „Fakten". Aber das führte nicht dazu,

dass die Teilnehmer ihre Meinung überdachten, sondern im Gegenteil, beide Gruppen sahen sich durch die ihre ursprüngliche Meinung stützenden „Belege" bestätigt, während sie die gegenteiligen „Fakten" bezweifelten. In einer anderen Studie (Ross et al. 1975) gaben die Forscher ihren Teilnehmern nach der Bearbeitung eines Persönlichkeitstests die fiktive Rückmeldung, „sozial sensibel" zu sein. Danach wurde diese Rückmeldung als „Schwindel" entlarvt. Das wiederum machte den Teilnehmern nichts aus, im Gegenteil, sie beharrten weiterhin darauf, die erste (schmeichelhafte) Rückmeldung ernst zu nehmen. Solche Befunde sollten wir im Hinterkopf haben, wenn wir wieder einmal zur Überzeugung gelangen, dass wir genau wüssten, warum etwas so ist, wie wir es sehen, und wir dafür sogar Fakten anbringen können. Wer weiß, vielleicht verhält es sich doch ganz anders, wie wir uns wünschen, erwarten oder meinen zu wissen.

Kategorien existieren aber nicht nur für natürliche Objekte. Nach der Schematheorie (z. B. Bartlett 1932; Rumelhart 1984) sind alle unsere Erfahrungen von der Welt in Klassen eingeteilt. So haben wir nicht nur ein Schema von einer Katze, einem Hund, einem Büro, einem Restaurant oder sogar von uns selbst, sondern auch von alltäglichen Routinen, z. B. „Bus fahren" oder „eine Veranstaltung an der Uni besuchen". In letzteren Fall, wenn es sich also um eine Folge von Handlungs- oder Ereignissequenzen handelt, spricht man allerdings von Skript (Schank und Abelson 1977; Abelson 1981). Schemata entsprechen „Wissensbündeln" (Becker-Carus und Wendt 2017), die uns erlauben, große Informationsmengen zu verarbeiten. So stellt uns das Skript „Restaurantbesuch" den gesamten üblichen Ablauf eines solchen unmittelbar zur Verfügung, also etwa „Tisch aussuchen, hinsetzen, beim Kellner die Speisekarte bestellen, Speise aussuchen, bezahlen, Trinkgeld geben", ohne dass wir darüber im konkreten Fall wirklich nachdenken müssten, was zu tun ist.

Schematheorie

Schemata bzw. Skripte funktionieren wie Theorien, indem sie unsere Erwartungen bestimmen, was in einer Situation passieren oder was für Merkmale ein Objekt besitzen wird. Viele Studien können die Effekte solcher Schemata belegen. Brewer und Treyens (1981) führten beispielsweise ihre Versuchspersonen in einen Raum, den sie als „Büro des Versuchsleiters" bezeichneten. Nach einer kurzen Wartezeit kam dann auch der Versuchsleiter und brachte die Teilnehmer in einen Nachbarraum, in dem sie instruiert wurden, alles aufzuschreiben, was sie von dem Büro erinnern konnten. Es zeigte sich nun, dass in erster Linie typische Büroeinrichtungsgegenstände erinnert wurden, sogar solche, die faktisch gar nicht in dem konkreten Büro vorhanden waren. Schemata, so zeigt dieses Ergebnis, beeinflussen uns demnach bei der Situationswahrnehmung und haben sowohl Einfluss auf die Speicherung von Episoden und Ereignissen als auch den Abruf von Informationen. Ein aktiviertes Schema muss aber nicht immer zum Abruf schemakonsistenter Informationen führen, wie in der Studie von Brewer und Treyens, sondern kann im Gegenteil unsere Aufmerksamkeit gerade auf schemainkonsistente Informationen richten (z. B. Hastie und Kumar 1979).

8.4 Bildhaftes Denken

Wir denken aber nicht nur in abstrakter, propositionaler Art und Weise oder in Wörtern, sondern auch in Bildern. Denken wir an unseren letzten Urlaub, dann stellen sich ganze Szenerien ein. Wie auf einem Foto können wir dann sogar einzelne Aspekte herausgreifen und betrachten. Auch unser (Tag-) Träumen ist bildhaft. Dass diese vor dem „inneren Auge" entstehenden Bilder der realen Wahrnehmung visueller Objekte sehr ähnlich sind, kann man an den Experimenten von Shepard und Metzler (1971) erkennen. Sie gaben ihren Versuchspersonen paarweise Abbildungen von dreidimensionalen Figuren mit der Instruktion vor, jeweils zu entscheiden, ob die Figuren identisch sind oder nicht. Dabei variierten die Autoren das Ausmaß, in dem die Figuren rotiert dargestellt wurden. Interessanterweise zeigte sich nun, dass die Reaktionszeit mit größer werdendem Rotationswinkel linear anstieg. Eine naheliegende Interpretation dieses Ergebnisses ist, dass die Teilnehmer die Figuren zur Identitätsprüfung offensichtlich mental entsprechend rotiert haben. Je größer die Rotation des Vergleichsreizes war, umso mehr musste er zurückgedreht werden (◘ Abb. 8.3).

In einem anderen Experiment (vgl. Kosslyn 1980) sollten sich die Versuchspersonen zunächst Bilder, z. B. von einem Boot, einprägen. Anschließend sollten sie innerlich auf einen bestimmten Teil schauen, z. B. den Motor, und dann weitere Fragen zu dem Bild beantworten, z. B. ob das Boot auch einen Motor oder eine Windschutzscheibe besitzt. Es zeigte sich nun, dass je weiter entfernt sich der Blickfokus von dem zu beurteilenden Objekt befand, umso länger dauerte die Antwort. Die Versuchspersonen hatten also offenbar das Bild linear abgesucht, so als würde das Bild vor ihnen liegen. Ganz ähnlich verhält es sich auch, wenn wir Distanzen zwischen Orten, die wir kennen, schätzen müssen. Dann machen wir uns häufig mental auf den Weg und gehen die Schritte von A nach B ab

◘ Abb. 8.3   (© Claudia Styrsky)

oder schätzen die Distanz aus der Entfernung ab, mit anderen
Worten wir nutzen dazu unsere mentalen Landkarten (vgl.
Golledge 1999).

8.5 Schlussfolgerndes Denken

Beim Denken geht es aber nicht nur um die Vorstellung von
Objekten, Dingen oder Ereignissen. Wir arbeiten auch mit
diesen Vorstellungen, verknüpfen sie, ziehen unsere Schlüsse
oder entwickeln auf deren Basis neue, innovative Ideen. Wie
vollzieht sich dieses Denken? Lassen sich hier bestimmte Muster erkennen? Ein Großteil der Denkpsychologie hat sich diesen Fragen unter dem Gesichtspunkt des logischen Denkens
gewidmet (deduktives Denken), auch wenn unser Denken keineswegs immer und allein den Gesetzen der Logik folgt. Das
ist insofern von Interesse, als es bei der psychologischen Beschäftigung mit den Denkprozessen weniger darum geht, logische Schlüsse zu analysieren, als vielmehr darum zu prüfen,
inwieweit unser Denken den Gesetzen der Logik folgt. Grundsätzlich wird hierbei zwischen dem deduktiven und dem in-
duktiven Denken unterschieden. Unter deduktivem Denken
versteht man den Prozess, bei dem wir ausgehend von allgemeinen Prämissen Schlussfolgerungen für einen konkreten
Fall ableiten. Wir schließen also vom Allgemeinen auf das

Deduktives und induktives
Denken

Besondere. Mit induktivem Denken wird dagegen derjenige Prozess beschrieben, bei dem wir ausgehend von einem konkreten Einzelfall einen verallgemeinernden Schluss ziehen, also vom Besonderen auf das Allgemeine schließen.

Syllogismus

Schauen wir uns das logische Denken etwas genauer an. Eine ganz einfache Form ist beispielsweise der Syllogismus, der folgende formale Struktur aufweist:

Alle A sind B - (Prämisse 1).
C ist A
(Prämisse 2).
Also ist C B
(Konklusion).

Bei dieser Form des Schlusses stimmen viele sofort und richtigerweise zu. Man kann die Konklusion gut an einem konkreten Beispiel nachvollziehen:

Alle Saarländer sind Deutsche. Alexander ist ein Saarländer. Also ist Alexander Deutscher.

Wenn Sie der Schlussfolgerung zustimmen, dann haben Sie logisch korrekt gedacht. Schauen wir uns einen weiteren Schluss an:

Alle A sind B - (Prämisse 1).
C ist nicht A
(Prämisse 2).
Also ist C nicht B
(Konklusion).

Ist auch logisch, oder? Wenn Sie auch dieser Meinung sind, dann stehen Sie nicht alleine da, die Konklusion ist allerdings falsch, wie man wieder an einem konkreten Beispiel gut erkennen kann:

Alle Saarländer sind Deutsche. Susanna ist keine Saarländerin. Also ist Susanna keine Deutsche.

Das ist natürlich falsch, denn Susanna kann ja durchaus eine Deutsche sein, nur eben keine Saarländerin. Dieses Beispiel mag an dieser Stelle schon genügen, um zu zeigen, dass unser Schlussfolgern eben nicht immer nach rein logischen Gesichtspunkten abläuft.

Modus ponens und Modus tollens

Zur Analyse solcher Denkprozesse werden häufig zwei Schlussregeln betrachtet, der Modus ponens und der Modus tollens.

Modus ponens   Der Modus ponens erlaubt es uns, aus gegebenen Prämissen eine gültige Ableitung zu treffen:

Es gilt: wenn A, dann B. Das ist gegeben: A. Daraus folgt: B.

Inhaltlich formuliert:

Es gilt: Wenn Alexander ein Saarländer ist, dann ist er ein Deutscher. Das ist gegeben: Alexander ist Saarländer. Daraus folgt: Alexander ist Deutscher.

Modus tollens   Der Modus tollens ist quasi die Negativform des Modus ponens und erlaubt uns den Schluss, wenn eine Prämisse nicht vorliegt. Er folgt diesem Schema:

Es gilt: wenn A, dann B. Das ist gegeben: nicht B. Daraus folgt: nicht A.

Inhaltlich formuliert:

Es gilt: Wenn Susanna eine Saarländerin ist, dann ist sie eine Deutsche. Das ist gegeben: Susanna ist keine Deutsche. Daraus folgt: Susanna ist keine Saarländerin.

Betrachtet man nun empirische Daten zu den beiden Schlussregeln Modus ponens und Modus tollens, so zeigt sich interessanterweise, dass die meisten Versuchsteilnehmer (ca. 90 %) keine Probleme damit haben, bei Schlussfolgerungen des Modus ponens zuzustimmen. Schwieriger wird es dagegen beim Modus tollens, bei dem nur ca. 60 % der Probanden zustimmen (Knauff und Knoblich 2017). Wie schwer es uns offensichtlich fällt, beim Denken den Gesetzen der Logik zu folgen, wird auch in den Experimenten von Johnson-Laird und Wason (1970) deutlich. Sie gaben ihren Teilnehmern vier Karten vor, die auf der Vorder- und Rückseite mit einer Zahl oder einem Buchstaben bedruckt sind (◧ Abb. 8.4).

Die Aufgabe bestand darin, anzugeben, welche Karte(n) unbedingt umgedreht werden müssen, um den Wahrheitsgehalt folgender Aussage zu prüfen: Wenn sich auf einer Seite der Karte ein Vokal befindet, dann befindet sich auf der anderen Seite eine gerade Zahl. Was also ist zu tun? Bevor Sie weiterlesen, überlegen Sie doch einmal kurz. Haben Sie die Lösung gefunden? Wenn Sie der Meinung sind, die Karte A und die Karte 7 umdrehen zu müssen, dann dürfen Sie sich gratulieren. Diese Antwort ist korrekt, wurde aber in der Studie von Johnson-Laird und Wason (1970) nur von 3,9 % der Teilnehmer gefunden. Die meisten gaben die Karte A und die Karte 4 an (46,1 %), gefolgt von nur Karte A (32,8 %).

Auch dieses Beispiel zeigt, dass sich beim logischen Schließen immer wieder Fehler einschleichen. Beim regelbasierten logischen Schließen lassen sich allgemein Verständnisfehler, Prozessfehler und Strategiefehler unterscheiden (Knauff und Knoblich 2017). Verständnisfehler beziehen sich demnach auf etwa das Verstehen der Prämissen. Prozessfehler können dadurch entstehen, dass relevante Aspekte und Informationen z. B. wegen Ablenkung übersehen oder nicht richtig verarbeitet werden. Strategiefehler schließlich beziehen sich auf die Adäquatheit des angewendeten (abstrakten) Schlussschemas

Fehler beim logischen Schließen

◘ Abb. 8.4 Welche Karten müssen umgedreht werden?

(z. B. Modus ponens, Modus tollens). Es gibt allerdings nicht nur kognitive Fehlerquellen. Beim Schließen können auch motivationale Faktoren eine Rolle spielen, was im Alltag nicht zuletzt in vielen Fällen des „Wunschdenkens" zu beobachten ist (Kunda 1990; Kruglanski 1996). So zweifeln wir etwa die korrekte Durchführung empirischer Studien an, die unserer politischen Meinung widersprechen (Lord et al. 1979), oder passen sogar autobiografische Erinnerungen an erwünschte Kriterien an (Sanitioso et al. 1990). Es sind nicht zuletzt solche Befunde gewesen, die das Bild vom stets rationalen Entscheider (Homo oeconomicus) ins Wanken gebracht haben und eine ganz neue (wirtschafts-)psychologische Disziplin begründet haben, die Verhaltensökonomik („behavioral economics"), bei der es u. a. darum geht, scheinbar irrationale Entscheidungen besser verstehen und vorhersagen zu können. So lässt sich beispielsweise belegen, dass sich auch Börsenprofis bei ihren Anlageentscheidungen nicht nur von rationalen Argumenten lenken lassen, sondern eben auch von Plausibilitätsüberlegungen, die mit ihren Erfahrungen in Einklang stehen, aber zu logisch falschen Schlüssen führen können (Knauff et al. 2010).

Prospect Theory

In diesem Zusammenhang muss auf die sehr einflussreichen Arbeiten von Kahneman und Tversky (1979; Kahneman 2003) hingewiesen werden, die eine Vielzahl an Entscheidungsfehlern systematisch untersucht haben und mit ihrer Prospect Theory den Weg zum besseren Verständnis scheinbar irrationaler Entscheidungen geebnet haben. Kerngedanke dieser Theorie ist, dass der Zusammenhang zwischen objektivem und subjektivem Nutzen in Entscheidungssituationen variiert und von der Situationsinterpretation abhängt. Dies ist deswegen bedeutsam, weil die Entscheidungen in starkem Maße davon abhängen, ob wir eine Situation als Verlust- oder Gewinnsituation interpretieren. Es zeigt sich nämlich, dass wir Verluste als schwerwiegender erachten als Gewinne in gleicher Größenordnung („loss aversion"; Kahneman 2003). Ein Verlust von 100 EUR ärgert uns demnach mehr, als uns ein Gewinn von 100 EUR freuen würde. Ob eine Situation als Verlust- oder

Gewinnsituation wahrgenommen wird, ist allerdings verän-
derlich und hängt beispielsweise vom Kontext (Framing) ab.
Betrachten wir dazu ein Experiment von Tversky und Kahneman 1981. Sie stellten eine Versuchspersonengruppe vor folgende Entscheidung: Stellen Sie sich vor, die USA bereiten
sich auf den Ausbruch einer ungewöhnlichen asiatischen
Krankheit vor, in deren Verlauf mit dem Tod von 600 Personen gerechnet wird. Es gibt nun zwei Handlungsoptionen (Ge-
genprogramme), um mit der Gefahr umzugehen. Wählen Sie
Programm A, dann retten Sie 200 Personen. Wählen Sie Programm B, dann retten Sie mit einer Wahrscheinlichkeit von
33,3 % alle 600 Personen, es besteht jedoch auch eine 66,6 %
Wahrscheinlichkeit, dass niemand gerettet wird. Welche Option wählen Sie? Wenn Sie Programm A wählen, dann sind Sie
in guter Gesellschaft. In dem Experiment waren es immerhin
72 % der Probanden, die sich für diese Option entschieden.
Faktisch ist der Erwartungswert in beiden Fällen der gleiche:
Es werden 200 Personen gerettet. Tversky und Kahneman veränderten nun die Problemformulierung. Eine zweite Versuchspersonengruppe sollte zwischen folgenden Alternativen wählen: Programm C (400 Personen sterben) oder Programm D
(es besteht eine Wahrscheinlichkeit von 33,3 %, dass niemand
stirbt und eine Wahrscheinlichkeit von 66,6 %, dass alle sterben werden). Welche Alternative würden Sie diesmal wählen?
In der Studie von Tversky und Kahneman entschied sich eine
Mehrheit von 78 % für Alternative D. Auch hier gibt es faktisch gesehen keinen Unterschied zwischen den Alternativen.
Ausschlaggebend ist daher in beiden Fällen das Framing, also
wie die Situation angesehen wird. Bei positivem Framing (Leben retten) geht man auf Nummer sicher. Unter negativem
Framing (es werden Menschen durch die Krankheit sterben)
wird die unsichere Variante gewählt. In Situationen, die wir als
Gewinnsituationen interpretieren, gehen wir offensichtlich
dem Risiko aus dem Weg, während wir in „Verlustsituatio-
nen" das Risiko gerade wegen unserer Verlustaversion einge-
hen.

Blick in die Praxis: Der Besitztumseffekt – Warum Besitz so wertvoll ist

Vielleicht kennen Sie das Phänomen aus Ihrem Alltag. Dinge,
die uns gehören, haben irgendwie einen ganz besonders großen Wert für uns. Wir hegen und pflegen sie und können uns
mächtig ärgern, wenn jemand anderes unachtsam damit um-
geht. Der besondere Wert unseres Eigentums meint aber nicht
nur den ideellen Wert. Auch der materielle Wert wird von uns
hoch eingeschätzt. Das lässt sich auch experimentell immer
wieder belegen und ist als Besitztumseffekt („endowment ef-

fect") bekannt (Knetsch 1989; Kahneman et al. 1990).
Knetsch (1989) schenkte beispielsweise seinen Versuchspersonen zunächst eine Kaffeetasse und gab ihnen anschließend die
Möglichkeit, diese gegen einen Schokoriegel einzutauschen.
Kaum jemand machte davon Gebrauch. Dann drehte Knetsch
die Angelegenheit um. Er schenkte den Teilnehmern zunächst
den Schokoriegel und fragte dann nach, wer lieber die Tasse
haben möchte, mit dem gleichen Ergebnis: Die überwiegende
Mehrheit behielt die Süßigkeit. Der zentrale Punkt, der über
die Wertigkeit einer Sache entscheidet, ist also offenbar die
Frage, ob wir uns als Eigentümer einer Sache ansehen oder
nicht. Auch bei Auktionen und Verkäufen spielt dieser Effekt
eine Rolle. So fordern wir als Eigentümer einen höheren Verkaufspreis („willingness to accept"), als wir als Käufer bereit
wären zu zahlen („willingness to pay"). Aus Sicht der Prospect Theory macht das alles auch Sinn, denn Verluste wiegen
schwerer als der entsprechende Nutzengewinn. Sind wir also
bereits Besitzer eines Gutes, dann wird der Verkauf nicht als
Gewinn verbucht, sondern als Verlust interpretiert, was den
Wert des Gutes ansteigen lässt. Aus diesen Befunden lassen
sich zahlreiche praktische Implikationen ableiten. So wird
beispielsweise dadurch verständlich, warum wir beim Umgang mit öffentlichen Gütern häufig wenig achtsam sind (gehört uns ja nicht). Denken wir zum Beispiel daran, wie die
neuen Wagons der Bahn schon nach kurzer Zeit aussehen:
verdreckt, voll mit Malereien etc. Würden die dafür Verantwortlichen wohl genauso sorg- und achtlos damit umgehen,
wenn es sich um ihren Besitz handeln würde? Und jetzt noch
ein Tipp: aufgepasst bei Online-Auktionen! Allein der Gedanke daran, dass uns ein Produkt gehören könnte, lässt seinen Wert – aus Angst, das gewünschte Produkt vielleicht doch
noch zu verlieren – steigen (Peck und Shu 2009).

8.6 Heuristiken

Das Beispiel mit der asiatischen Krankheit ist auch ein Hinweis auf ein Problem, das sich aus der wahrgenommenen Unsicherheit eines Situationsausgangs ergibt. Wir sind nicht immer in der Lage, unser Wissen über einen Sachverhalt
entsprechend anzuwenden (in dem Fall wäre die Berechnung
des Erwartungswertes eine gute Strategie gewesen), oder wir
verfügen erst gar nicht über das entsprechende Wissen. In diesen Fällen greifen wir auf komplexitätsreduzierende Heuristiken zurück. So ist zumindest die Ansicht der Forschergruppe
um Daniel Kahneman (z. B. Kahneman und Tversky 1973),
nach der Heuristiken Ausdruck einer mangelnden Berücksich-

tigung von statistischen und logischen Regeln sind und uns häufig in die Irre führen können. Eine andere, dieser Vorstellung widersprechende Annahme ist, dass Heuristiken keine Schwachstellen darstellen, sondern im Gegenteil evolutionär entwickelte Fähigkeiten sind, die uns in unsicheren Entscheidungssituationen schnell und intuitiv zu guten Entscheidungen verhelfen (z. B. Gigerenzer 2004; Gigerenzer und Gaissmaier 2011).

Aber schauen wir uns doch einige konkrete Heuristiken etwas näher an. Tversky und Kahneman (1974) beschreiben z. B. die Repräsentativitätsheuristik, die Verfügbarkeitsheuristik und die Ankerheuristik.

8.6.1 Repräsentativitätsheuristik

Die Repräsentativitätsheuristik basiert auf dem Ausgang folgender Frage: Wie sehr repräsentiert die vorliegende Stichprobe (von Ereignissen, Merkmalen etc.) die Grundgesamtheit (von Ereignissen, Merkmalen etc.)? Mit anderen Worten, wie typisch ist dieses Ereignis für diese Klasse von Ereignissen? Ein Beispiel: Stellen Sie sich vor, wir hätten alle Familien mit 6 Kindern aus Ihrer Stadt untersucht. Bei 72 Familien war die exakte Geburtenfolge von Jungen und Mädchen folgende: Mädchen, Junge, Mädchen, Junge, Junge, Mädchen. Wie hoch aber schätzen Sie die Anzahl an Familien ein, bei denen die Geburtenreihenfolge so war: Junge, Mädchen, Junge, Junge, Junge, Junge? Während beide Geburtenreihenfolgen gleich wahrscheinlich sind, unterschieden sie sich doch hinsichtlich ihrer Repräsentativität in Bezug auf die wahrgenommene Geschlechterverteilung in der Gesamtpopulation. Und in der Tat entschieden sich eine große Mehrheit in der entsprechenden Studie von Kahneman und Tversky (1972) dafür, die zweite Geburtenreihenfolge als weniger wahrscheinlich anzusehen.

8.6.2 Verfügbarkeitsheuristik

Die Verfügbarkeitsheuristik beschreibt den Umstand, dass wir unsere Urteile häufig davon abhängig machen, wie einfach es uns gelingt, den Sachverhalt oder die Frage zu entscheiden. Ein Beispiel: Angenommen wir würden per Zufall ein englisches Wort aussuchen. Was ist wahrscheinlicher, dass das Wort mit K anfängt oder an der dritten Stelle ein K hat? Nach Tversky und Kahneman (1973) wird diese Frage danach entschieden, welche Beispiele für den einen oder anderen Fall uns einfacher einfallen. Da das vermutlich Wörter sind, die mit K beginnen, werden die meisten das auch als wahrscheinlich ansehen, obwohl es statistisch gesehen sogar wahrscheinlicher ist, in einem Text Wörter zu finden, die ein K an dritter Stelle aufweisen. Dieses Beispiel lässt sich sofort in unsere Alltagswirklichkeit übertragen. Wenn Sie beispielsweise Angst haben, im Dunkeln durch den Park zu schlendern, dann kann das auch daran liegen, dass Ihnen zahlreiche Filmbeispiele oder Nachrichten einfallen, in denen ahnungslose Menschen in solchen Situationen zum Opfer einer Straftat wurden.

8.6.3 Ankerheuristik

Die Ankerheuristik basiert auf einem Anfangswert, der dann dazu benutzt wird, die nachfolgende Antwort zu justieren. Ein Beispiel: Versuchspersonen wurden gebeten, die Prozentzahl an afrikanischen Staaten zu schätzen, die in den Vereinten Nationen organisiert sind. Bevor diese Schätzung abzugeben war, wurde im Beisein der Versuchspersonen ein „Glücksrad" betätigt, das dann eine Nummer zwischen 0 und 100 lieferte. Die Versuchspersonen sollten zunächst angeben, ob diese Nummer größer oder kleiner als die Anzahl an Staaten war, und dann die exakte Anzahl schätzen. Verschiedenen Versuchspersonengruppen wurden nun verschiedene Ausgangszahlen „gezogen". Lieferte das Glücksrad beispielsweise die 10, dann wurden 25 Staaten angegeben, lieferte das Glücksrad dagegen die 65, wurden 45 Staaten genannt. Die erste, von der eigentlichen Frage inhaltlich völlig unabhängige Zahl, wirkte demnach als Anker, um die Antwort entsprechend – im Sinne von viel oder wenig – zu justieren (Tversky und Kahneman 1974). Denken Sie doch an diese Studie, wenn es das nächste Mal um mehr Gehalt geht. Sie können die dafür verantwortliche Person ja auch mit den Worten „tausend Dank für das Gespräch" begrüßen.

8.6.4 Heuristiken als adaptive Toolbox

Rekognitionsheuristik

Wie eben bereits erwähnt, können Heuristiken als Ausdruck begrenzter Analyse- oder Denkmöglichkeiten angesehen werden oder im Gegenteil als wirksames Werkzeug, um in permanent verändernden Umwelten zurechtzukommen und angesichts immer neuer Anforderungen gute Antworten und Lösungen zu finden. Heuristiken stellen aus dieser Perspektive eine Art adaptive Toolbox (z. B. Gigerenzer und Gaissmaier 2011) zur erfolgreichen Problembewältigung dar. Beispielsweise die Rekognitionsheuristik. Liegen in Entscheidungssituationen mehrere Alternativen vor, dann beurteilen wir diese allein anhand der Frage, ob wir die Alternativen (wiederer-) kennen. Alle anderen Faktoren werden außer Acht gelassen. Das kann eine sehr gute und vernünftige Strategie sein, was jeder schon beim Einkaufen sofort nachvollziehen kann. Wenn wir angesichts einer großen Produktauswahl auf das Produkt zurückgreifen, welches uns bekannt vorkommt, können wir vermutlich nicht viel falsch machen. Wenn das nicht gut wäre, dann hätten wir das bei einem so bekannten Produkt wie diesem bestimmt schon gehört.

Ein anderes Beispiel, machen wir ein Quiz: Welche Stadt hat mehr Einwohner, Guangzhou oder Rio de Janeiro? Überlegen Sie, die Zeit läuft. Hier die Auflösung: Rio de Janeiro hat laut Wikipedia 12,7 Mio. Einwohner und Guangzhou 12,5 Mio. Wenn Sie hier richtig geraten haben, dann womöglich nicht, weil Sie die Antwort gewusst haben, sondern deshalb, weil Sie von Rio de Janeiro im Gegensatz zu Guangzhou schon viel gehört haben. Sie haben nach der Regel entschieden: Wenn ich den Namen der einen Stadt kenne, der anderen aber nicht, dann wird die mir bekannte Stadt wohl mehr Einwohner haben. Wie würde wohl ein Chinese, der die Stadt Guangzhou kennt, die Frage beantworten? (vgl. dazu die Studie von Goldstein und Gigerenzer 1999).

Dass man sogar Geld verdienen kann, wenn man einfach nur auf die Rekognitionsheuristik setzt, das konnten beispielsweise Borges et al. (1999) zeigen. Sie gaben Finanzexperten und Laien die Aufgabe, sich ein möglichst gewinnbringendes Aktienportfolio zusammenzustellen. Wie wären Sie dabei wohl vorgegangen, wenn man Ihnen die Auswahl verschiedener Aktientitel vorgelegt hätte? Vielleicht so, wie die Laien in der Studie, die nämlich auf Aktien bekannter Unternehmen setzten. Am Ende übertrumpften sie damit sogar die Gewinne der Experten. Heuristiken wären aber keine Faustregeln, sondern Naturgesetze, wenn das immer funktionieren würde. Dass dem nicht so ist, und dass Heuristiken stets kontextbezogen sind und nur unter bestimmten Bedingungen zum Erfolg führen, kann auch an der gescheiterten Replikation dieser Befunde durch Boyd (2001) abgelesen werden. Der Unterschied zwischen den beiden Studien lag weniger im experimentellen Vorgehen, was nämlich identisch war, als vielmehr in den Marktbedingungen (z. B. Wachstum vs. Stagnation). Dies bestätigt dann auch die Idee der „ökologischen Rationalität" (Chase et al. 1998): Unser Verhalten und Denken folgen nicht den Gesetzen der Logik oder der Wahrscheinlichkeitsrechnung, sondern arbeiten mit dem, was gerade an Informationen und Denkprozessen in einem bestimmten Kontext zur Verfügung steht, und machten das Beste daraus, wenn auch nicht in jedem Fall.

8.7 **Problemlösen**

Wenn wir Entscheidungen treffen, dann tun wir das häufig vor dem Hintergrund von Unsicherheit. Wie wir eben gesehen haben, können uns dabei Heuristiken helfen, zu plausiblen Lösungen zu kommen. Probleme gibt es aber nicht nur bei einfachen Entscheidungsfragen, sondern auch in ganz anderen Zusammenhängen. Was tue ich, wenn mein Computer nicht macht, was ich möchte? Was kann ich tun, wenn ich den letzten Bus verpasst habe? Wie finde ich den einfachsten Weg aus dem Wald heraus? Oder wie finde ich geeignete Mitarbeiter für eine spezielle Arbeit?

Offenes und geschlossenes Problem

Probleme, so zeigen diese wenigen Beispiele, lassen sich als Ist-Soll-Diskrepanzen verstehen, die immer dann auftauchen, wenn wir nicht wissen, was wir wissen müssten, um den bekannten Ist-Zustand in den wohldefinierten Soll-Zustand zu transformieren (geschlossenes Problem; zum Überblick s. Öllinger 2017). Das Ausführen eines mathematischen Beweises kann hier als Beispiel genannt werden. Ein offenes Problem besteht demgegenüber dann, wenn weder der Ist- noch der Soll-Zustand und erst recht nicht der Transformationsprozess klar umrissen sind (z. B. Hussy 1984). Ein Beispiel hierfür wäre, das Image eines Unternehmens zu verbessern. Hier sind zunächst weder der Ausgangspunkt noch das Ziel eindeutig geklärt, geschweige denn eine eindeutige Methode vorhanden, das erreichen zu wollen das auch erreichen zu können. Bei Aufgaben sind im Gegensatz zu Problemen die Methoden der Diskrepanzreduktion bekannt, sie müssen lediglich angewendet werden.

Problemlösestrategien

Was also können wir tun, wohin können wir denken, wenn wir nicht wissen, in welche Richtung wir denken könnten? Interessanterweise verfahren wir in solchen Problemsituationen nur selten nach der Versuch-und-Irrtum-Methode, sondern gehen häufig sehr methodisch und zielgerichtet vor, indem wir versuchen, den Zielzustand durch die Anwendung bestimmter Operatoren (Regeln, Hilfsmittel oder Einzelschritte) zu erreichen. Dabei lassen sich für geschlossene Probleme 3 grundlegende Problemlösestrategien (auch hier kann man eigentlich von Heuristiken sprechen) unterscheiden: 1. Unterschiedsreduktion, 2. Mittel-Ziel-Analyse, 3. Rückwärtsanalyse (Newell und Simon 1972). Bei der Methode der Unterschiedsreduktion versuchen wir das Problem dadurch zu lösen, dass wir Schritt für Schritt diejenigen Operatoren auswählen, die die Diskrepanz zwischen Ist- und Soll-Zustand verringern. Wir nähern uns also der Problemlösung langsam an. Diese Strategie kann jedoch in die Irre führen, wenn das Ziel z. B. nur auf (nicht bekannten) Umwegen zu erreichen ist. Bei der Strategie der Mittel-Ziel-Analyse versuchen wir das Problem dadurch zu lösen, dass wir das Endziel in verschiedene Teilziele einteilen, und dann versuchen, diese eins nach dem anderen zu lösen. Bei der Rückwärtsanalyse beginnen wir die Problemlösung nicht beim Ist-Zustand, sondern versuchen rückwärts und ausgehend vom Zielzustand, eine geeignete Lösung zu finden (auch hier kann dann die Mittel-Ziel-Analyse zum Einsatz kommen).

Blick in die Praxis: Bei Problemen öfter mal die Perspektive wechseln

Wie und ob wir ein Problem lösen können, hängt jedoch nicht nur von den Problemlösestrategien ab, sondern auch davon, wie sich uns das Problem überhaupt darstellt. Manchmal betrachten wir ein Problem aus einer Perspektive, von der wir uns schlecht lösen können, die aber das Problem für uns erst problematisch machen. Betrachten wir zur Illustration dieses Sachverhaltes einmal folgendes sog. Neun-Punkte-Problem (s. dazu Watzlawick et al. 1974):

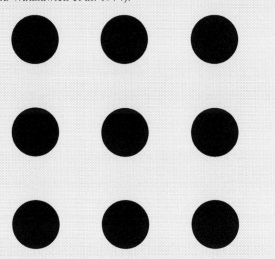

Die Aufgabe besteht darin, die Punkte durch vier gerade und zusammenhängende Striche zu verbinden, ohne dass der Stift beim Ziehen der Linien vom Blatt gehoben werden darf. Versuchen Sie das doch einmal! Gar nicht so einfach. Nicht viele lösen dieses Problem auf Anhieb. Das Problem dieses Problems liegt vermutlich auch bei Ihnen, dass Sie versuchen, die Punkte mit solchen Zügen zu verbinden, die innerhalb des vorgegebenen Rahmens bleiben. Und hier liegt dann auch die Lösung. Sie dürfen nämlich den Rahmen auch verlassen. Das sieht dann so aus:

8

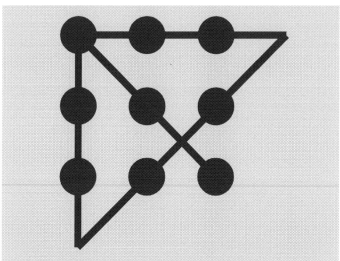

Dieses Beispiel mag genügen, um zu verdeutlichen, was Wertheimer (z. B. 1959) als kognitive Umstrukturierung bezeichnet, als dessen Folge es dann zum berühmten Aha-Erlebnis kommt.

Einfach anfangen hilft manchmal, wenn das Problem zu groß erscheint

Analoger Transfer und funktionelle Gebundenheit

Probleme lassen sich aber auch lösen, wenn es uns gelingt, Problemlösewissen aus einem Bereich für die Lösung in einem ganz anderen Bereich ein- und umzusetzen. Diesen „analogen Transfer" (z. B. Öllinger 2017) von bekanntem Wissen (Quelldomäne) zur Lösung in neuen Wissensdomänen (Zieldomäne) wenden wir nicht nur in zahlreichen Alltagssituationen an, in denen wir z. B. Werkzeuge zweckentfremden (um etwa eine Bierflasche mit einem Schraubendreher zu öffnen), sondern dieser wird auch in Unternehmen institutionalisiert: Unter dem Stichwort Diversity Management werden beispielsweise Aktivitäten zusammengefasst, die darauf abzielen, die individuellen Unterschiede (fachliche, kulturelle, soziodemografische) nicht nur zu akzeptieren, sondern im Sinne einer Perspektivenerweiterung konstruktiv zu nutzen. Gerade gemischte Teams mit Fachkompetenzen aus ganz unterschiedlichen Bereichen können so auf innovative Lösungen kommen, die von den eigentlichen Fachexperten womöglich übersehen worden wären.

Andere Schwierigkeiten bei der Suche nach Problemlösungen können sich ergeben, wenn es uns beispielsweise nicht gelingt, Werkzeuge, Techniken oder Vorgehensweisen, die wir in einem bestimmten Kontext durchaus erfolgreich einsetzen können, auf einen anderen Kontext zu übertragen. Ein Beispiel für eine solche funktionelle Gebundenheit wäre, wenn wir erst gar nicht auf die Idee kämen, eine Münze zum Öffnen eines Batteriefaches zu verwenden, weil Münzen ja zum Bezahlen da sind und keine Schraubendreher sind.

? Prüfungsfragen

1. Was versteht man unter bedeutungshaltigem Denken?
2. Was bedeutet es, wenn wir davon sprechen, dass wir in abstrakten Konzepten denken?
3. Bei der Wissensorganisation lassen sich der Prototypen- und der Exemplaransatz unterscheiden. Erläutern Sie diese beiden Vorstellungen und gehen Sie dabei auch auf die theoretischen Schwächen ein.
4. Welche empirischen Befunde unterstützen die Vorstellung von bildhaften Denkprozessen?
5. Was versteht man allgemein unter dem schlussfolgernden Denken?
6. Geben Sie ein Beispiel für den Modus tollens, den Modus ponens und einen syllogistischen Schluss.
7. Welche Befunde sprechen gegen die Vorstellung, dass unser Denken stets logisch ist?
8. Was versteht man allgemein unter Heuristiken?
9. Sind Heuristiken ein Beleg für defizitäres Denkvermögen oder Ausdruck besonders guter Problemlösekompetenz? Bringen Sie Argumente für beide Sichtweisen.
10. Beschreiben Sie die Repräsentativitätsheuristik, die Verfügbarkeitsheuristik und die Ankerheuristik und geben Sie dazu jeweils ein Alltagsbeispiel.
11. Geben Sie ein Beispiel für die Rekognitionsheuristik.
12. Was ist ein geschlossenes Problem und was ein offenes Problem?
13. Was ist der Unterschied zwischen einem Problem und einer Aufgabe?
14. Welche Problemlösestrategien lassen sich unterscheiden?
15. Was versteht man unter analogem Transfer?

Zusammenfassung

- Denken ist die „Sprache des Geistes".
- Es gibt bedeutungshaltiges, bildhaftes und motorisches Denken.
- Bedeutungshaltiges Denken basiert auf abstrakten mentalen Repräsentationen.
- Die Zuordnung von Ereignissen zu Konzepten ist nicht eindeutig geklärt.
- Ähnlichkeitsbasierte Ansätze gehen davon aus, dass verschiedene (natürliche) Objekte aufgrund ihrer Ähnlichkeit in einer gedanklichen Kategorie zusammengefasst werden.
- Prototypen- und Exemplaransatz lassen sich unterscheiden.

8

- Theoriebasierte Ansätze betonen die Bedeutung des Wissens zur kategorialen Einordnung von Ereignissen.
- Schemata sind Wissensbündel, mit denen wir unsere Erfahrungen von der Welt zusammenfassen.
- Skripte sind Schemata für Verhaltensweisen.
- Schlussfolgerndes Denken bezeichnet das Denken nach logischen Gesichtspunkten.
- Eine einfache Form des logischen Schließens ist der Syllogismus.
- Der Modus ponens erlaubt uns, aus gegebenen Prämissen eine gültige Ableitung zu treffen.
- Der Modus tollens erlaubt uns den Schluss, wenn eine Prämisse nicht vorliegt.
- Die Prospect Theory ist eine Theorie zum Zusammenhang von subjektivem und objektivem Nutzen.
- Das Framing ist für die Wahrnehmung von Verlust oder Gewinn von Bedeutung.
- Heuristiken sind komplexitätsreduzierende „mentale Werkzeuge", die wir z. B. in komplexen Entscheidungssituationen zur Lösung einsetzen.
- Geschlossene Probleme sind Ist-Soll-Diskrepanzen, bei denen der Ist- und der Soll-Zustand definiert sind, der Weg aber vom Ist- zum Soll-Zustand unbekannt ist.
- Bei offenen Problemen sind weder der Ist- noch der Soll-Zustand eindeutig und auch nicht der Weg von dem einen zum anderen definiert.
- Für geschlossene Probleme lassen sich 3 Lösestrategien finden: 1. Unterschiedsreduktion, 2. Mittel-Ziel-Analyse, 3. Rückwärtsanalyse.
- Probleme entstehen auch durch die Betrachtungsperspektive.

Schlüsselbegriffe

Analoger Transfer, Ankerheuristik, bedeutungshaltiges Denken, bildhaftes Denken, divergentes Denken, Exemplare, Framing, funktionale Gebundenheit, geschlossenes Problem, Heuristiken, identitätsbasierter Ansatz, konvergentes Denken, Mittel-Ziel-Analyse, Modus ponens, Modus tollens, motorisches Denken, offenes Problem, Prospect Theory, Prototypen, Rekognitionsheuristik, Repräsentativitätsheuristik, Rückwärtsanalyse, Schema, schlussfolgerndes Denken, Skripte, Syllogismus, theoriebasierter Ansatz, Unterschiedsreduktion, Verfügbarkeitsheuristik.

Literatur

Abelson, R. P. (1981). Psychological status of the script concept. *American Psychologist, 36*(7), 715–729.

Barsalou, L. W. (1985). Ideals, central tendency, and frequency of instantiation as determinants of graded structure in categories. *Journal of Experimental Psychology: Learning, Memory, and Cognition, 11*(4), 629–654.

Barsalou, L. W. (2008). Grounded Cognition. *Annual Review of Psychology, 59*, 617–645.

Bartlett, F. C. (1932). *Remembering.* Cambridge: University Press.

Becker-Carus, C., & Wendt, M. (2017). *Allgemeine Psychologie: Eine Einführung* (2. Aufl.). Heidelberg: Springer.

Borges, B., Goldstein, D. G., Ortmann, A., & Gigerenzer, G. (1999). Can ignorance beat the stock market? In G. Gigerenzer, P. M. Todd, & The ABC Research Group (Hrsg.), *Simple heuristics that make us smart* (S. 59–72). Oxford: Oxford University Press.

Boyd, M. (2001). On ignorance, intuition, and investing: A bear market test of the recognition heuristic. *Journal of Psychology and Financial Markets, 2*(3), 150–156.

Brewer, W. F., & Treyens, J. C. (1981). Role of schemata in memory for places. *Cognitive Psychology, 13*(2), 207–230.

Brooks, L. R., Norman, G. R., & Allen, S. W. (1991). Role of specific similarity in a medical diagnostic task. *Journal of Experimental Psychology: General, 120*(3), 278–287.

Chase, V. M., Hertwig, R., & Gigerenzer, G. (1998). Visions of rationality. *Trends in Cognitive Sciences, 2*(6), 206–214.

Gigerenzer, G. (2004). Fast and frugal heuristics: The tools of bounded rationality. In D. Koehler & N. Harvey (Hrsg.), *Handbook of judgment and decision making* (S. 62–88). Oxford: Blackwell.

Gigerenzer, G., & Gaissmaier, W. (2011). Heuristic decision making. *Annual Review of Psychology, 62*(1), 451–482.

Goldstein, D. G., & Gigerenzer, G. (1999). The recognition heuristic: How ignorance makes us smart. In G. Gigerenzer, P. M. Todd, & the ABC Group (Hrsg.), *Simple heuristics that make us smart* (S. 37–58). New York: Oxford University Press.

Golledge, R. G. (1999). Human wayfinding and cognitive maps. In R. G. Golledge (Hrsg.), *Wayfinding behavior* (S. 5–45). Baltimore/London: The Johns Hopkings University Press.

Hastie, R., & Kumar, P. A. (1979). Person memory: Personality traits as organizing principles in memory for behaviors. *Journal of Personality and Social Psychology, 37*(1), 25–38.

Hussy, W. (1984). *Denkpsychologie. Ein Lehrbuch. Band1: Geschichte, Begriffs- und Problemlöseforschung, Intelligenz.* Stuttgart: Kohlhammer.

Johnson-Laird, P. N., & Wason, P. C. (1970). A theoretical analysis of insight into a reasoning task. *Cognitive Psychology, 1*(2), 134–148.

Kahneman, D. (2003). Maps of bounded rationality: Psychology for behavioral economics. *The American Economic Review, 93*(5), 1449–1475.

Kahneman, D., & Tversky, A. (1972). Subjective probability: A judgment of representativeness. *Cognitive Psychology, 3*(3), 430–454.

Kahneman, D., & Tversky, A. (1973). On the psychology of prediction. *Psychological Review, 80*(4), 237–251.

Kahneman, D., & Tversky, A. (1979). Prospect theory: An analysis of decision under risk. *Econometrica, 47*(2), 263–291.

Kahneman, D., Knetsch, J. L., & Thaler, R. H. (1990). Experimental tests of the endowment effect and the coase theorem. *Journal of Political Economy, 98*(6), 1325–1348.

8

Knauff, M., & Knoblich, G. (2017). Logisches Denken. In J. Müsseler & M. Rieger (Hrsg.), *Allgemeine Psychologie* (S. 533–585). Heidelberg: Springer.

Knauff, M., Budeck, C., Wolf, A. G., & Hamburger, K. (2010). The illogicality of stock-brokers: Psychological experiments on the effects of prior knowledge and belief biases on logical reasoning in stock trading. *PLoS ONE, 5*(10), e13483.

Knetsch, J. L. (1989). The endowment effect and evidence of nonreversible indifference curves. *The American Economic Review, 79*(5), 1277–1284.

Kosslyn, Stephen Michael. Image and Mind. Cambridge: Harvard University Press, 1980.

Kruglanski, A. W. (1996). Motivated social cognition: Principles of the interface. In E. T. Higgins & A. W. Kruglanski (Hrsg.), *Social psychology: Handbook of basic principles* (S. 493–520). New York: Guilford Press.

Kunda, Z. (1990). The case for motivated reasoning. *Psychological Bulletin, 108*, 480–498.

Lord, C. G., Ross, L., & Lepper, M. R. (1979). Biased assimilation and attitude polarization: The effects of prior theories on subsequently considered evidence. *Journal of Personality and Social Psychology, 37*(11), 2098–2109.

Mervis, C. B., & Rosch, E. (1981). Categorization of natural objects. *Annual Review of Psychology, 32*(1), 89–115.

Murphy, G., & Wisniewski, E. J. (1989). Feature correlations in conceptual representations. In G. Tiberghien (Hrsg.), *Advances in cognitive science* (Bd. 2, S. 23–45). Chichester: Ellis Horwood.

Murphy, G. L., & Medin, D. L. (1985). The role of theories in conceptual coherence. *Psychological Review, 92*(3), 289–316.

Newell, A., & Simon, H. A. (1972). *Human problem solving*. Oxford: Prentice-Hall.

Öllinger, M. (2017). Problemlösen. In J. Müsseler & M. Rieger (Hrsg.), *Allgemeine Psychologie* (S. 587–618). Heidelberg: Springer.

Oswald, M. E., & Grosjean, S. (2004). Confirmation bias. In R. Pohl (Hrsg.), *Cognitive illusions* (S. 79–98). Hove: Psychology Press.

Peck, J., & Shu, S. B. (2009). The effect of mere touch on perceived ownership. *Journal of Consumer Research, 36*(3), 434–447.

Rosch, E., & Mervis, C. B. (1975). Family resemblances: Studies in the internal structure of categories. *Cognitive Psychology, 7*(4), 573–605.

Ross, L., Lepper, M. R., & Hubbard, M. (1975). Perseverance in self-perception and social perception: Biased attributional processes in the debriefing paradigm. *Journal of Personality and Social Psychology, 32*(5), 880–892.

Rumelhart, D. E. (1984). Schemata and the cognitive system. In R. S. Wyer Jr. & T. K. Srull (Hrsg.), *Handbook of social cognition* (Bd. 1, S. 161–188). Lawrence Erlbaum Associates Publishers: Mahwah, NJ, US.

Sanitioso, R., Kunda, Z., & Fong, G. T. (1990). Motivated recruitment of autobiographical memories. *Journal of Personality and Social Psychology, 59*(2), 229–241.

Schank, R. C., & Abelson, R. P. (1977). *Scripts, plans, goals, and understanding: An inquiry into human knowledge structures*. Hillsdale: Psychology Press.

Shepard, R. N., & Metzler, J. (1971). Mental rotation of three-dimensional objects. *Science, 171*(3972), 701–703.

Solso, Robert L., und Judith E. McCarthy. (1981) Prototype Formation of Faces: A Case of Pseudo-Memory. *British Journal of Psychology 72*(4), 499–503.

Tversky, A., & Kahneman, D. (1973). Availability: A heuristic for judging frequency and probability. *Cognitive Psychology, 5*(2), 207–232.

Tversky, A., & Kahneman, D. (1974). Judgment under uncertainty: Heuristics and biases. *Science, 185*(4157), 1124–1131.

Tversky, A., & Kahneman, D. (1981). The framing of decisions and the psychology of choice. *Science, 211*(4481), 453–458.

Waldmann, M. R. (2017). Kategorisierung und Wissenserwerb. In J. Müsseler & M. Rieger (Hrsg.), *Allgemeine Psychologie* (S. 357–399). Heidelberg: Springer.

Watzlawick, P., Weakland, J., & Fisch, R. (1974). *Lösungen*. Bern: Huber.

Wertheimer, M. (1959). *Productive thinking*. Oxford: Harper.

Wisniewski, E. J., & Medin, D. L. (1994). On the interaction of theory and data in concept learning. *Cognitive Science, 18*(2), 221–281.

Serviceteil

Stichwortverzeichnis

Printed in the United States
By Bookmasters